全国高等职业教育规划教材

UG NX 8.0 实例建模基础教程

主编　赵秀文　苏　越
主审　周树银

机械工业出版社

本书以项目为引导，任务为主线，内容由浅入深，循序渐进地介绍了 UG NX 8.0 的基础知识、草图绘制、实体建模、曲线曲面建模、部件及产品的虚拟装配、工程图设计及综合应用实例 7 个项目。每个项目都由能力目标、知识目标、知识链接、项目小结和项目考核组成。

本书图文并茂，理论联系实际，注重实用，以思路为主线，通过实例讲解命令的使用方法。每个项目包含若干任务，每个任务都是具体的实例，它包括知识链接（完成该任务需要的知识点）、任务实施（实例的详细操作步骤）、任务拓展（实例简要操作步骤）、任务实践（巩固知识的习题）4 个部分。有助于学习者轻松自如地学习和掌握 UG NX 8.0。

本书配套光盘内包含授课电子教案、动画、操作视频、源文件及结果文件等，方便广大读者学习。

本书适合高等职业院校机电一体化、数控技术、模具设计与制造、计算机辅助设计与制造等专业作为教材使用，也可作为机械设计与制造工程技术人员的自学参考用书。

图书在版编目（CIP）数据

UG NX 8.0 实例建模基础教程 / 赵秀文，苏越主编. —北京：机械工业出版社，2014.6(2021.7 重印)

全国高等职业教育规划教材

ISBN 978-7-111-46493-8

Ⅰ. ①U… Ⅱ. ①赵… ②苏… Ⅲ. ①计算机辅助设计－应用软件－高等职业教育－教材 Ⅳ. ①TP391.72

中国版本图书馆 CIP 数据核字（2014）第 079633 号

机械工业出版社（北京市百万庄大街 22 号 邮政编码 100037）

责任编辑：刘闻雨　　　责任校对：张艳霞

责任印制：单爱军

北京虎彩文化传播有限公司印刷

2021 年 7 月第 1 版·第 9 次印刷

184mm×260mm·17.25 印张·427 千字

标准书号：ISBN 978-7-111-46493-8

　　　　　　ISBN 978-7-89405-476-0（光盘）

定价：43.00 元（含 1DVD）

全国高等职业教育规划教材机电类专业
编委会成员名单

主　　任　吴家礼

副 主 任　任建伟　张　华　陈剑鹤　韩全立　盛靖琪　谭胜富

委　　员　（按姓氏笔画排序）

王启洋　王国玉　王建明　王晓东　代礼前
史新民　田林红　龙光涛　任艳君　刘靖华
刘　震　吕　汀　纪静波　何　伟　吴元凯
张　伟　李长胜　李　宏　李柏青　李晓宏
李益民　杨士伟　杨华明　杨　欣　杨显宏
陈文杰　陈志刚　陈黎敏　苑喜军　金卫国
奚小网　徐　宁　陶亦亦　曹　凤　盛定高
程时甘　韩满林

秘 书 长　胡毓坚

副秘书长　郝秀凯

出 版 说 明

根据《教育部关于以就业为导向深化高等职业教育改革的若干意见》中提出的高等职业院校必须把培养学生动手能力、实践能力和可持续发展能力放在突出的地位，促进学生技能的培养，以及教材内容要紧密结合生产实际，并注意及时跟踪先进技术的发展等指导精神，机械工业出版社组织全国近60所高等职业院校的骨干教师对在2001年出版的"面向21世纪高职高专系列教材"进行了全面的修订和增补，并更名为"全国高等职业教育规划教材"。

本系列教材是由高职高专计算机专业、电子技术专业和机电专业教材编委会分别会同各高职高专院校的一线骨干教师，针对相关专业的课程设置，融合教学中的实践经验，同时吸收高等职业教育改革的成果而编写完成的，具有"定位准确、注重能力、内容创新、结构合理和叙述通俗"的编写特色。在几年的教学实践中，本系列教材获得了较高的评价，并有多个品种被评为普通高等教育"十一五"国家级规划教材。在修订和增补过程中，除了保持原有特色外，针对课程的不同性质采取了不同的优化措施。其中，核心基础课的教材在保持扎实的理论基础的同时，增加实训和习题；实践性较强的课程强调理论与实训紧密结合；涉及实用技术的课程则在教材中引入了最新的知识、技术、工艺和方法。同时，根据实际教学的需要对部分课程进行了整合。

归纳起来，本系列教材具有以下特点：

1）围绕培养学生的职业技能这条主线来设计教材的结构、内容和形式。

2）合理安排基础知识和实践知识的比例。基础知识以"必需、够用"为度，强调专业技术应用能力的训练，适当增加实训环节。

3）符合高职学生的学习特点和认知规律。对基本理论和方法的论述要容易理解、清晰简洁，多用图表来表达信息；增加相关技术在生产中的应用实例，引导学生主动学习。

4）教材内容紧随技术和经济的发展而更新，及时将新知识、新技术、新工艺和新案例等引入教材。同时注重吸收最新的教学理念，并积极支持新专业的教材建设。

5）注重立体化教材建设。通过主教材、电子教案、配套素材光盘、实训指导和习题及解答等教学资源的有机结合，提高教学服务水平，为高素质技能型人才的培养创造良好的条件。

由于我国高等职业教育改革和发展的速度很快，加之我们的水平和经验有限，因此在教材的编写和出版过程中难免出现问题和错误。我们恳请使用这套教材的师生及时向我们反馈质量信息，以利于我们今后不断提高教材的出版质量，为广大师生提供更多、更适用的教材。

机械工业出版社

前　言

Unigraphics（简称 UG）是 SIEMENS 公司（原美国 UGS 公司）开发的计算机辅助设计与制造软件，广泛用于机械、汽车、家电、航天、军事等领域，是目前世界上最流行的 CAD/CAM/CAE 软件之一。进入 21 世纪，UG 软件在我国工业制造领域得到了广泛的应用，在产品造型、模具设计及数控加工等方面有较强的优势。UG 软件的推广和使用缩短了产品的设计周期，提高了企业的生产率，从而使生产成本得到了降低，增强了企业的市场竞争力，所以掌握 UG 软件的应用对高职高专院校的学生来说是十分必要的。

本书以较新版本 UG NX 8.0 中文版为操作平台，从基础入手，以实用性强、针对性强的项目引导，任务驱动为主线，从 UG 基础知识、草图绘制、实体建模、曲线曲面建模、部件及产品的虚拟装配、工程图设计到综合应用实例，由浅入深，循序渐进地介绍了 UG NX 8.0 的常用模块和实用的操作方法。本书力求定位准确、理论适中、内容翔实、实例丰富、贴近实际、突出实用性、适用范围广泛及通俗易懂、便于学习和掌握等特点，以培养综合型应用人才为目标，在注重基础理论教育的同时，突出实践性教育环节，力图做到深入浅出，便于教学，突出高等职业教育的特点，既适合高职高专工科学生及技能型本科学生使用，也可以作为相关技术人员的参考书。

本书与同类教材相比，具有以下特色：

（1）在内容组织上突出了"易懂、够用、实用、可持续发展"的原则，精心挑选了典型的工程实例来构成全书的主要内容；

（2）以知识+实例的形式安排全书内容，相应的知识点后面均有工程实例和拓展实例，以实例学命令的方法，避免了传统教材命令讲得多，例子却很少，有些命令不知道用在何处的弊病；

（3）书中的工程实例由易到难，由局部到整体，循序渐进、由浅入深，有利于提高学生的学习兴趣。

本书结合生产实际，由具有多年教学工作经验的专业教师以及获得国家模具技能大赛一等奖的技术能手和具有多年企业工作经验的工程师合作编写，以项目导向，任务驱动的教学模式，贯彻"教、学、做"一体化的课程改革方案，充分体现了"以教师为主导，以学生为主体"的教学理念，使学生充分掌握 UG 软件的相关知识。书中每个项目后都配有项目小结和项目考核，以使读者能更好地理解和掌握所学的知识。本课程建议学时数为 70～90 学时。

全书共分 7 个项目。其中项目 1、5、7 由苏越和天津海格尔科技发展有限公司的高国兴、焦雷魁共同编写，项目 2 由赵秀文和杨国星共同编写，项目 3 由赵秀文和永安精密工业

（天津）有限公司的王少华共同编写，项目 4 由赵秀文和常昱茜共同编写，项目 6 由苏越和王金强共同编写，全书所有章节由赵秀文负责统稿，由周树银教授主审。

本书配套光盘提供以下素材。

- PPT 文件：本书所有项目中的各个任务的幻灯片，图文并茂。
- 源文件：本书所用到的实例的源文件。
- 结果文件：本书所有的实例和习题的结果文件（.prt 文件）。
- 视频文件：本书一些实例的视频（.avi 文件）。
- 动画文件：本书项目 5 中一些实例的动画（.avi 文件）。

本书在编写过程中参考了有关文献，恕不一一列举，谨对书后所有参考文献的作者表示感谢。

由于编者水平有限，书中不妥之处在所难免，敬请各位读者批评指正。

编　者

目　　录

出版说明
前言
项目1　初识 UG ·· 1
1.1　任务1　认识 UG NX 及其界面 ·· 1
1.1.1　UG 软件简介 ·· 1
1.1.2　UG 软件技术特点 ·· 2
1.1.3　UG NX 软件界面介绍 ·· 4
1.1.4　模块化结构与特点 ·· 6
1.2　任务2　熟悉 UG NX 软件基本操作 ·· 12
1.2.1　文件操作 ··· 13
1.2.2　键盘和鼠标操作 ··· 20
1.2.3　图层的操作 ·· 22
1.2.4　视图的操作 ·· 22
1.2.5　对象的操作 ·· 25
1.2.6　坐标系的操作 ··· 28
1.2.7　特征的测量与分析 ·· 29
1.2.8　表达式 ·· 30
项目小结 ··· 35
项目考核 ··· 35
项目2　草图绘制 ·· 37
2.1　草图绘制基础知识 ·· 37
2.1.1　草图绘制的方法与步骤 ··· 37
2.1.2　草图工作平面 ··· 40
2.2　任务1　垫板零件草图的绘制 ·· 43
2.2.1　知识链接 ··· 43
2.2.2　任务实施 ··· 55
2.2.3　任务拓展（机箱后盖草图的绘制）·· 58
2.2.4　任务实践 ··· 59
2.3　任务2　凸凹模轮廓草图的绘制 ·· 60
2.3.1　知识链接 ··· 60
2.3.2　任务实施 ··· 61
2.3.3　任务拓展（垫片轮廓草图的绘制）·· 64
2.3.4　任务实践 ··· 65

2.4 任务3 纺锤形垫片草图的绘制 ·· 66
　2.4.1 知识链接 ··· 66
　2.4.2 任务实施 ··· 69
　2.4.3 任务拓展（卡板零件轮廓草图的绘制） ······························ 71
　2.4.4 任务实践 ··· 72
项目小结 ··· 72
项目考核 ··· 73

项目3 实体建模 ·· 76
3.1 实体建模基础知识 ··· 76
　3.1.1 建模界面 ··· 76
　3.1.2 特征建模工具栏常用命令 ··· 77
　3.1.3 实体建模的步骤 ··· 77
　3.1.4 基准特征种类及创建方法 ··· 77
　3.1.5 布尔运算 ··· 86
　3.1.6 定位 ··· 87
　3.1.7 常用特征编辑 ··· 89
3.2 任务1 台灯架实体建模 ··· 94
　3.2.1 知识链接 ··· 94
　3.2.2 任务实施 ··· 96
　3.2.3 任务拓展（套的实体建模） ··· 98
　3.2.4 任务实践 ··· 99
3.3 任务2 支座实体建模 ··· 99
　3.3.1 知识链接 ··· 99
　3.3.2 任务实施 ··· 100
　3.3.3 任务拓展（戒指实体建模） ··· 103
　3.3.4 任务实践 ··· 104
3.4 任务3 阶梯轴零件的实体建模 ··· 107
　3.4.1 知识链接 ··· 108
　3.4.2 任务实施 ··· 116
　3.4.3 任务拓展（轴承端盖实体建模） ····································· 119
　3.4.4 任务实践 ··· 124
3.5 任务4 水杯的实体建模 ··· 126
　3.5.1 知识链接 ··· 126
　3.5.2 任务实施 ··· 127
　3.5.3 任务拓展（手摇柄实体建模） ······································· 129
　3.5.4 任务实践 ··· 130
3.6 任务5 三通零件实体建模 ··· 131
　3.6.1 知识链接 ··· 132
　3.6.2 任务实施 ··· 136

3.6.3 任务拓展（型腔零件实体建模） ··· 140
3.6.4 任务实践 ··· 144
项目小结 ··· 146
项目考核 ··· 146

项目 4 曲线曲面建模 ··· 151
4.1 曲线曲面建模基础知识 ··· 151
4.1.1 "曲线"工具条 ··· 151
4.1.2 曲面的概念及"曲面"工具条 ··· 152
4.1.3 曲线曲面建模的步骤 ··· 153
4.2 任务 1 立体五角星线架及曲面建模 ··· 153
4.2.1 知识链接 ··· 153
4.2.2 任务实施 ··· 161
4.2.3 任务拓展（伞冒骨架及曲面建模） ··· 165
4.2.4 任务实践 ··· 166
4.3 任务 2 异性面壳体线架及曲面建模 ··· 167
4.3.1 知识链接 ··· 167
4.3.2 任务实施 ··· 174
4.3.3 任务拓展（摩托车头盔三维线架及曲面建模） ··· 179
4.3.4 任务实践 ··· 182
项目小结 ··· 182
项目考核 ··· 183

项目 5 部件及产品的虚拟装配 ··· 185
5.1 装配基础知识 ··· 185
5.1.1 装配建模界面介绍 ··· 185
5.1.2 虚拟装配的基本概念 ··· 187
5.1.3 虚拟装配的文件结构 ··· 188
5.1.4 虚拟装配的主要建模方法 ··· 188
5.2 任务 1 学习自下而上的装配过程 ··· 189
5.2.1 脚轮的装配流程 ··· 189
5.2.2 夹钳的装配过程 ··· 194
5.3 任务 2 学习自上而下的装配过程 ··· 208
5.3.1 知识链接 ··· 208
5.3.2 任务拓展（弯曲模的装配） ··· 214
5.4 任务 3 爆炸图的制作与操作 ··· 215
5.4.1 任务实施（爆炸图的创建与编辑） ··· 216
5.4.2 任务实践 ··· 218
项目小结 ··· 218
项目考核 ··· 219

项目 6 工程图设计 ··· 221

6.1　工程图设计基础知识 ·· 221
　　6.1.1　创建工程图 ··· 221
　　6.1.2　视图投影 ··· 224
　　6.1.3　补充、细化视图 ··· 226
　　6.1.4　尺寸标注 ··· 229
　　6.1.5　文本标注 ··· 231
6.2　任务 1　底座零件工程图设计 ·· 231
　　6.2.1　任务实施 ··· 233
　　6.2.2　任务扩展（局部放大、断开视图） ······································· 241
　　6.2.3　任务实践 ··· 242
6.3　任务 2　模具装配工程图设计 ·· 242
　　项目小结 ·· 247
　　项目考核 ·· 247
项目 7　综合应用实例 ··· 251
7.1　任务 1　减速机建模 ··· 252
7.2　任务 2　冲裁模结构设计 ·· 259
　　项目小结 ·· 264
参考文献 ·· 265

项目 1　初识 UG

Unigraphics（简称 UG）软件是世界三大 CAD/CAE/CAM 系统集成软件之一，目前广泛应用于航空、汽车、机械、家电等领域。UG 是目前 CAD/CAM 领域最具影响力的软件之一，代表了 CAD/CAM 技术发展的趋势。

【能力目标】

1. 了解 UG 软件的结构、界面及模块构成。
2. 掌握查看、分析、缩放、图层控制等常用软件操作命令。
3. 掌握不同格式文件的转换方法。

【知识目标】

1. UG 软件的打开、关闭，文件的创建、保存等。
2. 软件模块之间的切换。
3. IGES、STEP、DXF 等文件格式的导入、导出。
4. 隐藏、图层等快捷方式操作。
5. 视图及显示特征的操作。
6. 坐标系的创建及操作。

【知识链接】

1.1　任务 1　认识 UG NX 及其界面

【学习目标】

1. 了解 UG 软件的发展历史、技术特点。
2. 熟悉 UG 软件界面的功能。
3. 了解 UG 软件技术特点及模块功能与特点。

【学习重点】

UG NX 软件界面的功能及使用方法。

【学习难点】

理解 UG 软件技术特点及模块功能与特点。

1.1.1　UG 软件简介

UG 起源于麦道公司（McDonnell Douglas Automation），从 20 世纪 60 年代起成为商业化软件。

1987 年，通用汽车公司（GM）选择 Unigraphics 作为其战略合作伙伴。这是 UG 软件发展历史上最重要的事件，通过与 GM 的合作，UG 软件成功进入汽车行业，并为日后进入其他领域奠定了基础。

1989 年，UG 将一全新的，与 STEP 标准兼容的三维实体建模核心 Parasolid 引入 Unigraphics。

1991 年，GE 发动机公司及 GE 电力公司选择 Unigraphics；并入 EDS 公司，改名为 EDS Unigraphics。

1993 年，Unigraphics 引入复合建模的概念，可将实体建模、曲面建模、线框建模、半参数化及参数化建模融为一体。

2001 年，并购 SDRC 的 I-DEAS 软件，公司更名为 EDS PLM Solutions，同时提出了产品生命周期管理（PLM）的新概念。

2003 年，EDS 更名为 UGS，新名字体现了占市场领导地位的产品生命周期管理 (PLM) 业务的持续发展。

2008 年 6 月，UGS 与西门子（Siemens）公司合作，更名为 Siemens PLM Software，并先后发布 NX 6.0、NX 7.5、NX 8.0，这些版本的 UG NX 建立在新的同步建模技术基础之上，标志着 UG NX 进入了一个新的发展周期。

自从 UG 出现以后，在航空航天、汽车、通用机械、工业设备、医疗器械以及其他高科技应用领域的机械设计和模具加工自动化的市场上得到了广泛的应用。多年来，UGS 一直在支持美国通用汽车公司实施目前全球最大的虚拟产品开发项目，并在全球汽车行业得到了很大的应用。另外，UG 软件在航空领域也有良好的表现：在美国的航空业，安装了超过 10 000 套 UG 软件；在俄罗斯航空业，UG 软件占有 90% 以上的市场。同时，UGS 公司的产品同时还遍布通用机械、医疗器械、电子、高技术以及日用消费品等行业，如 3M、飞利浦公司、吉列公司等。

从 1990 年 UG 软件进入中国市场以来，得到了越来越广泛的应用，在汽车、航天、军工、模具等领域大展身手，已经成为我国工业界主要使用的大型 CAD/CAE/CAM 软件。随着 UG 用户数量在中国的大幅增加，企业对优秀的 UG 技术人才的需求越来越强烈，尤其是在模具行业，熟练掌握 UG 软件是模具技术人员的基本要求之一。

1.1.2 UG 软件技术特点

作为 CAD/CAE/CAM 一体化集成软件，UG 的功能十分强大，命令也非常多，可以用"博大精深"来形容。作为一个设计人员，要想掌握软件所有的命令和功能，几乎是不可能的。因此在软件的学习和使用过程中，除了常用的命令操作之外，更重要的是要了解软件的整体结构和操作思想，这样才能对软件有一个全面的了解，掌握其规律，自如地驾驭这个软件。UG 软件的技术特点主要包括：三维实体特征、参数化、相关性这 3 个方面。

1．三维实体特征

UG 以 Parasolid 为实体建模核心，采用复合建模技术，可将实体建模、曲面建模、线框建模、显示几何建模与参数化建模融为一体。具有统一的数据库，真正实现了 CAD/CAE/CAM 等各模块之间的无数据交换的自由切换。

相对于二维 CAD 产品而言，UG 的模型首先是一个三维、立体的几何形状，而不是二维、平面的形状。

另外，相对于一些早期的三维 CAD 软件而言，UG 中的立体不是通过点、线、面围成的一个空心的轮廓，而是一个真正实心的立体模型。这种 CAD 实体的模型可以附加密度、材质等属性，便于各种工程计算；还可以附加尺寸公差、表面粗糙度等精度属性，便于制定加工工艺参数，实现自动化 CAM 程序生成，真正地实现了 CAD/CAE/CAM 的一体化集成。

2. 参数化

每一个 CAD 模型都是由大量的数字构成的，如实体的长度、宽度、厚度；孔、凸台等特征的尺寸、位置；装配组件中零件之间的装配关系，这些都需要用数字来表达，那么其中的每一个数字可以称为"参数"。在设计的过程中，这些参数会伴随着设计的进行而被创建、修改、删除；如果直接对这些参数进行创建、修改、删除，则会直接影响到与之相关的 CAD 模型，如图 1-1 所示。UG 中的参数又被称为"表达式"，对表达式的操作是 CAD 建模中重要部分。

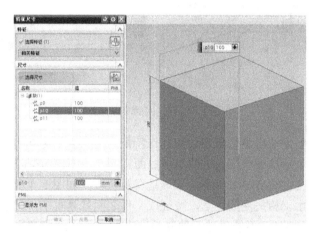

图 1-1 特征的参数

3. 相关性

在任何产品的设计、加工过程当中，都包含着大量的相互关联的特征和参数，这些相关元素能否同步更新，对产品设计、制造的质量和效率有着巨大的影响，现实生产过程中大量的质量问题都是由于产品中的某个参数没有同步更新造成的。如图 1-2 所示的壳体和盖板之间使用 4 个螺栓进行安装，如果设计过程中修改了盖板上螺栓孔的直径和位置，却忽略了对壳体的修改，那么产品装配的时候就会出现麻烦。

图 1-2 特征之间的相关性

在 UG 中，可以通过相关特征相关性的建立，使这些相关元素能够自动、同步地更新，实现"牵一发而动全身"的效果，从而不但可以大幅提高设计的效率，降低设计人员的劳动强度，还可以有效地降低设计过程中的错误率。

UG 中的相关性主要体现在装配组件中的不同零件之间，包括参数相关和几何相关两种。

参数相关是通过特定的表达式定义形式来实现的。如图 1-3 所示零件 model1 中孔直径的表达式是 p60=25，零件 model2 中的轴与之配合，直径也应该是 25，可以将该轴直径的表达式定义为 p6="_model1"::p60，这样两个表达式就建立起了相关性，如果 model1 中的孔直径发生了改变，model2 中的轴就会同时自动地发生改变，而不需要人工干预。

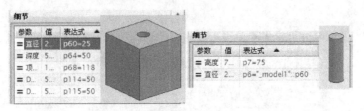

图 1-3　特征之间的参数相关

几何相关是指某些无法用参数来表达的几何特征之间也需要建立相关性，如模具中的产品几何形状通常是一个无法用参数表达的自由曲面，而凸、凹模的型腔都要与之相关。此时可以使用装配功能模块中的 WAVE 功能来实现这种相关性，如图 1-4 所示。

需要注意的是，由于相关性的特点，特征或文件之间就具有了"父子关系"的属性，有些特征就变成了"受控的"，不能再进行独立的编辑了，只能由其"父特征"来决定它的形状或尺寸，否则就会发生冲突。

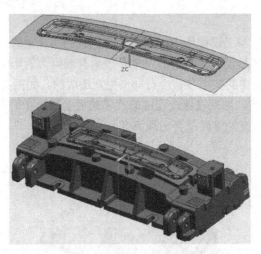

图 1-4　特征之间的几何相关

1.1.3　UG NX 软件界面介绍

UG NX 软件采用的是标准的 Windows 程序界面，如图 1-5 所示。

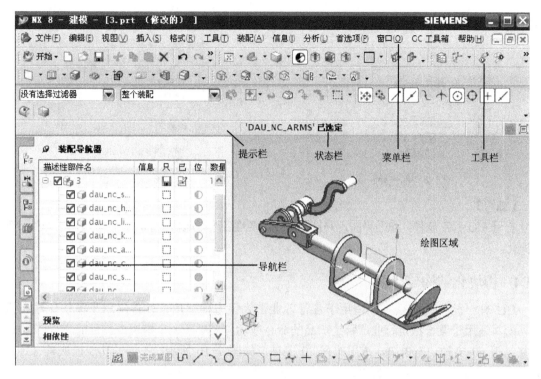

图 1-5　UG NX 软件界面

其菜单栏、工具栏、提示栏、状态栏的使用方法和其他 CAD 软件或 Windows 标准程序类似。

菜单栏是标准的下拉式菜单，包含了所有的 UG 功能与命令。

工具栏可以根据个人操作习惯进行定制。

导航栏是比较重要，也是包含内容非常多的一个区域，需要进行详细的介绍。

1）装配导航器：用于展示装配文件的树状结构及零件信息，可以从中直接选取零件进行操作，如图 1-6 所示。

2）约束导航器：用于列出装配零件之间所有配对关系的详细信息，并可直接选取、编辑，如图 1-7 所示。

图 1-6　装配导航器

图 1-7　约束导航器

3）部件导航器：用于列出一个实体文件所有特征，并可直接从中选取特征进行编辑，或改变特征创建顺序，如图 1-8 所示。

4）角色：UG NX 软件可以定义使用者的角色，不同角色对应的工具栏、菜单栏中显示的命令、功能数量有所不同，如图 1-9 所示。设计者通常应该选择"具有完整菜单的高级功能"的角色。

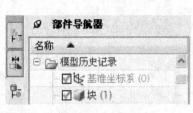

图 1-8　部件导航器　　　　　　　　　　　　　　图 1-9　角色

【练习】

打开 UG NX 软件，熟悉界面，并打开文件，观察各个导航器中的内容，练习角色切换带来的变化。

1.1.4　模块化结构与特点

UG NX 软件功能众多，适用于各行各业，为了方便使用，软件采用了模块化结构设计，即将适用于某一特定行业或特定产品的命令或功能集中于一个模块内。目前 UG NX 软件共包括 60 多种功能模块，常用的有 20 多种，如图 1-10 所示，不同的功能模块具有各自的环境，使用者可以通过单击"开始"按钮随时进入到所需的模块之中。

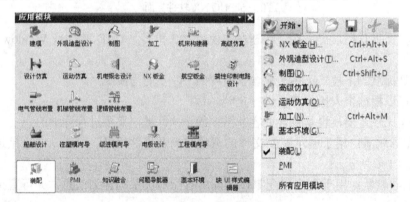

图 1-10　UG NX 功能模块

在众多模块中，最常用的就是 CAD 模块、CAM 模块、CAE 模块，下面分别进行简要介绍。

1. UG/CAD 模块

UG/CAD 模块是 UG NX 软件最常用、最基本的模块之一，也是学习 UG NX 软件过程中必须要掌握的基本模块。

UG/CAD 模块拥有很强的 3D 建模能力，包括实体建模、工程制图、虚拟装配等多个子模块。

（1）基本环境模块

基本环境模块是打开 UG NX 软件后进入的第一个界面，也是所有操作的一个基本平台。在基本环境模块中，不能执行特征的创建、编辑、删除等操作，但是所有的基本操作都是在这个模块中完成的，例如文件的打开、文件的创建、视图的操作、图层的操作、打印出图、环境设置等。

（2）建模模块（Modeling）

设计过程中的几何元素的创建和操作都是在建模模块中完成的。通过建模完成的几何元素被称为数学模型，也可以称之为主模型。建模的过程是一个从无到有的过程，后面所有的操作，如工程图、装配、CAE 分析、CAM 编程都是围绕着在建模模块中创建的主模型进行的，如图 1-11 所示。

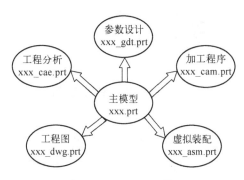

图 1-11　UG NX 主模型

UG NX 建模模块提供了实体建模、特征建模、自由曲面建模、同步建模等多种先进的造型及辅助功能。

1）实体建模：集成了基于草图约束的特征建模算法，提供了强有力的复合建模工具，使用户能够充分利用传统的实体、面、线框造型优势。

2）特征建模：使用工程特征定义设计信息，并提供了多种标准的设计特征，可以对这些特征进行参数化定义，如图 1-12 所示。

3）自由曲面建模：用于建立形状复杂的曲面形状，例如叶片或产品外壳等复杂的工业零部件的造型设计。将实体建模和曲面建模的技术结合，组成一个功能强大的建模工具组，完成复杂的复合建模操作，如图 1-13 所示。

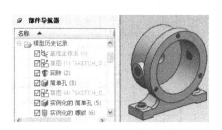

图 1-12　UG NX 实体特征建模

图 1-13　UG NX 自由曲面建模

4）同步建模：在交互式三维实体建模中它是一个成熟的、突破性的飞跃。同步建模技术实时检查产品模型当前的几何条件，并将它们与设计人员添加的参数和几何约束合并在一起，以便评估、构建新的几何模型并且编辑模型，无需重复全部历史记录。

（3）装配模块（Assemble）

在装配模块中可以将各种零件模型按照其真实的装配位置关系进行虚拟装配，如图 1-14

7

所示。这种虚拟装配不但能够直观地反映出真实的装配效果，还可以方便快速地检查出装配间隙不合理、存在干涉等问题。装配模型与零件模型之间保持关联性，对一些大型产品的设计可以实现多人、异地协同设计。

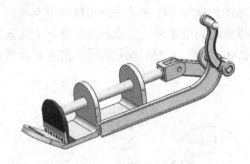

图 1-14　UG NX 虚拟装配建模

（4）制图模块（Drafting）

制图模块主要用于制作二维工程图。UG NX 中的二维工程图是使用已完成的三维实体模型直接进行投影、剖切等操作即可得到符合规范的工程图样，尺寸、公差的标注需要由操作人员手工完成，如图 1-15 所示。

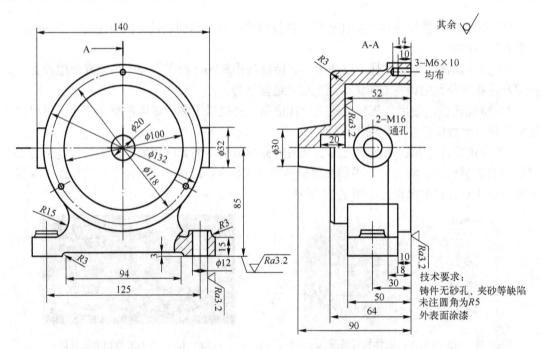

图 1-15　UG NX 工程制图

自动生成的工程制图与三维模型是有相关性的，当编辑三维模型时，图样上的视图和相关标注会自动更新。

CAD 模块是每一种 CAD 系统软件中最基本、最重要的基础模块，也是初学者在学习过程中最先接触的模块，学习并掌握该模块是掌握软件使用规律，体验软件内涵最基本的条件。

2．UG/CAM 模块

对国内很多企业来说，CAM 应用都是先于 CAD 应用的，这是因为我国在改革开放后先是引进了很多国外的数控设备，这些数控设备带动了 CAM 技术的发展，然后才开始对 CAD 技术产生需求，因此国内 CAM 应用水平远高于 CAD。对 UG 软件也是同样，国内早期应用 UG 软件也都是从 CAM 模块开始的。

UG/CAM 提供了一整套从钻孔、线切割到 5 轴铣削的单一加工解决方案。在加工过程中的模型、加工工艺、优化和刀具管理上，都可以与主模型设计相连接，始终保持最高的生产效率。把 UG 扩展的客户化定制的能力和过程捕捉的能力相结合，就可以一次性地得到正确的加工方案。

UG/CAM 由 5 个模块组成，分别是交互工艺参数输入模块、刀具轨迹生成模块、刀具轨迹编辑模块、三维加工动态仿真模块和后置处理模块。

交互工艺参数输入模块：通过人机交互的方式，用对话框和过程向导的形式输入刀具、夹具、编程原点、毛坯、零件等工艺参数。

刀具轨迹生成模块：UG/CAM 最具特点的是其功能强大的刀具轨迹生成方法，包括车削、铣削、线切割等完善的加工方法。其中铣削主要有以下功能，如图 1-16 所示。

图 1-16　UG/CAM 模块铣削主要功能

1）完成各种孔加工。

2）平面铣削：包括单向行切，双向行切，环切以及轮廓加工等。

3）固定多轴投影加工：用投影方法控制刀具在单张曲面或多张曲面上的移动。控制刀具移动的可以是已生成的刀具轨迹，一系列点或一组曲线。

4）可变轴投影加工：与固定轴铣相似，只是在加工过程中可变轴铣的刀轴以允许摆动，可满足一些特殊部位的加工需要。

5）等参数线加工：可对单张曲面或多张曲面连续加工。

6）裁剪面加工。

7）粗加工：将毛坯粗加工到指定深度。

8）多级深度型腔加工：特别适用于凸模和凹模的粗加工。

9）曲面交加工：按照零件面、导动面和检查面的思路对刀具的移动提供最大程度的控制。

刀具轨迹编辑模块：刀具轨迹编辑器可用于观察刀具的运动轨迹，并提供延伸、缩短或修改刀具轨迹的功能。同时，能够通过控制图形、文本的信息去编辑刀轨。因此，当要求对生成的刀具轨迹进行修改，或当要求显示刀具轨迹和使用动画功能显示时，都需要刀具轨迹编辑器。动画功能可选择显示刀具轨迹的特定段或整个刀具轨迹。附加的特征能够用图形方式修剪局部刀具轨迹，以避免刀具与定位件、压板等的干涉，并检查过切情况。

刀具轨迹编辑器主要特点：显示对生成刀具轨迹的修改或修正；可进行对整个刀具轨迹或部分刀具轨迹的动画演示；可控制刀具轨迹动画速度和方向；允许选择的刀具轨迹在线性或圆形方向延伸；能够通过已定义的边界来修剪刀具轨迹；提供运动范围，并执行在曲面轮廓铣削加工中的过切检查。

三维加工动态仿真模块：交互地仿真检验和显示刀具轨迹，它是一个无需利用机床，成本低，高效率的测试加工应用的方法。最后在显示屏幕上建立一个完成零件加工的着色模型，用户可以把仿真切削后的零件与 CAD 零件模型比较，可以方便地看到什么地方出现了不正确的加工情况。

后置处理模块：包括一个通用的后置处理器，使用户能够方便地建立用户定制的后置处理。通过使用加工数据文件生成器，一系列交互选项提示用户选择定义特定机床和控制器特性的参数，包括控制器和机床特征、线性和圆弧插补、标准循环、卧式或立式车床、加工中心等。这些易于使用的对话框允许为各种钻床、多轴铣床、车床、电火花线切割机床生成后置处理器。后置处理器的执行可以直接通过 UG 或操作系统来完成。

3. UG/CAE 模块

CAE（Computer Aided Engineering）技术是近年来兴起的一种先进技术，是用计算机辅助求解复杂工程和产品结构强度、刚度、屈曲稳定性、动力响应、热传导、三维多体接触、弹塑性等力学性能的分析计算以及结构性能的优化设计等问题的一种近似数值分析方法。主要应用于产品设计完成后、加工制作前的模拟和验证，从而提前发现设计过程中存在的问题并修正。CAE 技术的应用可以有效地提高产品设计的效率、降低产品研发成本。

UG/CAE 模块使用已有的 CAD 模型，根据产品要求选用不同的仿真方法，主要包括高级仿真、设计仿真、塑料流动仿真、运动仿真、机电概念设计。

高级仿真提供了有限元建模和结果可视化的综合性工具，是专门设计用于满足专业分析人员需要的。

设计仿真提供了有限元建模和结果可视化的综合性工具，是专门设计用来由执行初始设计验证研究的设计工程师使用的。

塑料流动仿真提供了在注塑模具中分析模具熔化的塑料流动状态的工具。

运动仿真可以定义各种运动副、位移、速度等参数，是用来仿真和评估机械系统的大位移复杂运动的工具。

机电概念设计是以交互方式模拟机械系统复杂运动的工具。

相对于 CAD、CAM 模块，CAE 模块专业性更强，不同的企业通常会选择专门针对某一类产品专门开发的软件来进行 CAE 模拟，这样的结果会更精确。UG/CAE 模块属于通用型软件，专业性不够强，所以使用率低于 CAD、CAM 模块。

4. 其他常用模块

上述的 CAD、CAE、CAM 模块都属于基础的通用型模块，几乎所有行业都用得上，可以满足所有的基础规范的设计要求。UG NX 软件还提供了大量的针对专业化产品而开发的专用模块，可以让各种专用产品的设计效率更高。这些专用模块中比较常用的包括注塑模向导、级进模向导、钣金设计、焊接产品模块等。

（1）注塑模向导

UG 注塑模向导为设计者提供了一个与 UG 的三维建模环境完全整合的注塑模具设计环境，通过该模块可以逐步引导用户进行模具设计工作，如图 1-17 所示。

图 1-17　UG 注塑模向导

另外，使用该模块还能够帮助模具设计人员确定注塑模的设计是否合理，并能够检查出不合适的注塑模几何体并予以修正，同时，三维模型的每次改变均会自动地更新模具的型腔和型芯。

（2）级进模向导

UG 级进模向导专用于级进模设计的模块，可以辅助进行排样、压力中心计算、机构设计、标准件库管理，如图 1-18 所示。

图 1-18　UG 级进模向导

（3）钣金模块

UG 钣金模块提供了基于参数、特征方式的钣金零件建模功能，从而生成复杂的钣金零件，并对其进行参数化编辑，如图 1-19 所示。

钣金模块还能够定义和仿真钣金零件的制造过程，对钣金模型进行展开和重叠的模拟操作，并根据三维钣金模型为后续的应用生成精确的二维展开图样数据。

除了这些专用于特定产品的模块之外，UG NX 还提供了多种二次开发工具（UG/OPEN），支持用户针对自身产品特点或特殊使用要求进行二次开发，扩展 UG NX 的功能。它主要包括 5 个模块。

图 1-19　UG NX 钣金模块

块 UI 样式编辑器：该开发工具是一个可视化编辑器，用于创建类似 UG 的交互界面，利用该工具，设计者可直接为 UG/OPEN 应用程序开发独立于硬件平台的交互界面。

UG/OPEN Menuscript：该开发工具是对 UG 软件操作界面进行用户化开发，无需编程即可对 UG 的标准菜单进行重新添加、重组、裁剪，或在 UG NX 软件中集成设计者自己开发的软件功能。

UG/OPEN API：该开发工具提供 UG NX 软件直接编程接口，支持 C、C++、Fortran 和 Java 等主要高级语言，可以直接用来开发新命令、新模块，并集成到 UG NX 软件当中。

UG/OPEN GRIP：该开发工具是一个类似 API 的 UG 内部开发语言，利用该工具可以生成 NC 自动化或自动建模等用户的特殊应用。

知识熔合（Knowledge Fusion）：该技术为获得和操纵工程规则、设计草图提供了一套强有力的工具。知识熔合可以让用户开发应用系统、通过工程规则控制 UG 的对象、超越单纯的几何模型。通过知识熔合，工程师和设计师能够构造完全可重复使用的知识库。

知识熔合技术是 UG 系统继参数化特征造型技术、UG WAVE 技术之后，在产品设计与制造、计算机模型构建领域首先提出并实现的新技术；是介于 CAD 技术和知识工程（KBE）技术之间新出现的边缘技术。它融合了传统的以计算机三维几何模型为核心的 CAD 技术和传统的知识工程（KBE）技术。产品设计企业可以使用知识熔合技术将其专有产品知识直接构建在产品模型中，使产品的数字模型提高到一个新的水平。

【练习】

打开 UG NX 软件，熟悉界面，在各模块中进行切换。

1.2　任务 2　熟悉 UG NX 软件基本操作

UG NX 的基本操作包括文件操作、鼠标和键盘操作、视图操作、图层操作等，在软件使用过程中，几乎每个操作步骤都会用到这些基本操作，因此熟练掌握这些基本操作，不但是使用 UG NX 软件必不可少的基本要求，而且也对使用者理解软件的内涵，掌握软件的思路很有帮助。

【学习目标】

1. 掌握 UG 的文件操作（文件的新建、打开、保存、打印、导入、导出等）。
2. 掌握 UG NX 软件鼠标及键盘操作、图层操作、视图的操作。

3. 掌握 UG NX 软件对象操作、坐标操作。

4. 掌握 UG NX 软件特征测量与分析、表达式。

【学习重点】

UG NX 软件的文件、图层、视图、鼠标及键盘操作。

【学习难点】

熟练掌握 UG NX 软件的鼠标及键盘操作。

1.2.1 文件操作

在软件学习和使用过程中最先面对的就是文件的操作，几乎每一种 Windows 操作系统下应用程序都会把"文件"菜单放在第一位。在"文件"菜单中包含各种常用的文件管理命令，包括文件的新建、打开、保存；文件打印；不同格式文件的导入、导出等。

1. 新建文件

可以在"文件"菜单选择"新建"命令，也可以在工具栏单击"新建"按钮 ，或直接按〈Ctrl+N〉组合键，即可打开"新建"对话框。该对话框包括以下 6 个选项卡。

1）模型：包含各种常用工程设计子模块，选定所需的子模块，并设置文件名称和保存路径，单击"确定"按钮，即可进入指定的工作环境中。

注意：如果不是在设计者常用的计算机上使用 UG NX 软件，则在单击"确定"之前，务必注意"单位"选项的内容，选择正确的单位设置至关重要，如图 1-20 所示。

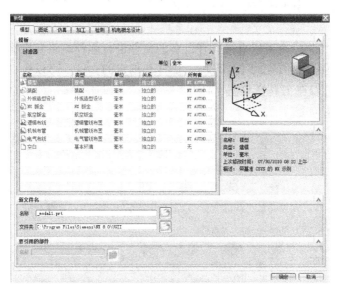

图 1-20　新建模型文件

2）图纸：该选项卡中包含常用的各种工程图样的类型、模板，指定图样类型并设置名称和保存路径，然后选择需要创建工程图的三维模型（主模型）文件，即可进入指定模板的工作环境。注意：按这种方式创建的工程图文件是一个单独的 UG 文件，这个文件和主模型文件存在相关性，在对文件进行剪切、复制等操作时一定要对两个文件同时进行，如图 1-21 所示。

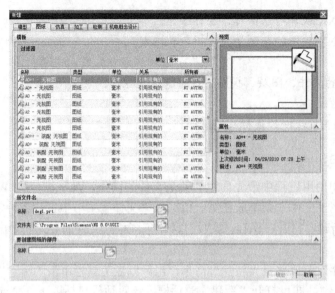

图 1-21　新建工程图文件

3）仿真：该选项卡中包含仿真操作和分析的各个模板，进行指定零件的热力学分析和运动分析等，指定模板即可进入指定模板的工作环境。

4）加工、检测和机电概念设计是 UG NX 8.0 版本新增的 3 个选项卡，同样可以通过所选的选项卡进入到设计所需的模块或操作环境。

2．打开文件

利用"打开文件"命令可以直接打开已有的文件进行继续编辑和操作，在打开文件的同时可进入文件上次保存时所处的工作环境。要打开指定的文件，可以在"文件"菜单下选择"打开"命令，也可以在工具栏单击"打开"按钮 ，或直接按〈Ctrl+O〉组合键，即可弹出"打开"对话框，如图 1-22 所示。

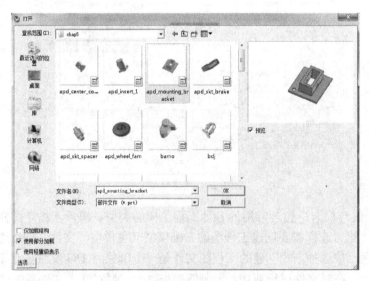

图 1-22　打开已有的 UG 文件

在该对话框中选择文件的路径和文件名称,如果勾选了右侧的"预览"复选框,则会在预览窗口中显示所选的图形。

3. 保存文件

在完成编辑或操作后,可以对文件进行保存,保存时可以在"文件"菜单下选择"保存"命令,也可以在工具栏单击"保存"按钮,或直接按〈Ctrl+S〉组合键,即可将文件保存到原来的目录。

如果需要将当前文件保存到其他文件夹或保存为另外一个文件,可以选择"文件"菜单下的"另存为"命令。在"另存为"对话框,还可以在"保存类型"下拉列表中选择其他类型的格式,即可完成文件的格式转换,如图 1-23 所示。

图 1-23　文件另存为

注意:对于存在装配关系的文件,由于存在零件间装配逻辑关系,在文件另存时需要同时将所有的上级文件重新命名。

对于某些特殊用途的文件,还需要在保存前先定义其保存选项,在"文件"菜单中选择"选项"下的"保存选项",即可打开"保存选项"对话框,如图 1-24 所示,其中可选项有如下几种。

保存时压缩部件:用于对图形文件进行数据压缩。

保存图样的 CGM 数据:用于同时保存图样的 CGM 格式数据。

保存图样数据:该选项组中有"否"、"仅图样数据"、"图样和着色数据" 3 种保存方式供用户选择。

生成重量数据:将对重量和其他特征进行更新。

保存 JT 数据:将图形数据与 Teamcenter 可见数据集成。

部件族成员目录:用于指定使用部件家族文件时生成的成员文件的存放位置,单击"浏览"按钮可改变路径。

注意： 以往版本的 UG NX 软件不支持中文文件名，文件名称和路径中如果包含中文字符都无法保存和打开。在最新的 UG NX 8.0 版本中可以支持中文文件名称和路径，但需要在系统环境变量中增加一个新的环境变量"UGII_UTF8_MODE"的变量值为 1 即可，如图 1-25 所示。

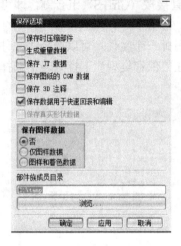
图 1-24 "保存选项"对话框

图 1-25 设置支持中文文件名的环境变量

4．关闭文件

UG 的关闭文件命令同样存在多个选项，在完成设计操作后，可以选择对应的命令关闭文件。当选择关闭命令中的"选定的部件"时，会弹出"关闭部件"快捷菜单，如图 1-26 所示，这个菜单主要针对包含装配结构关系的文件，通过它来选择将装配文件全部关闭还是关闭指定某个零件。

图 1-26 "关闭部件"
快捷菜单

【练习】

分别练习新建文件、打开文件、保存文件等。

5．文件打印

UG 中的打印有两种方法：打印和绘图。这两种方法的原理和方法都有很大的不同。

"打印"命令与其他软件的打印命令类似，使用普通的打印机，直接对屏幕上的内容进行打印。

"绘图"命令可以执行工程图 1∶1 打印，或者严格按图样比例打印，但只能使用支持 HPGL 和 Postscript 两种类型的打印机，按照现在市场情况，因为激光打印机大部分内置 HPGL 或 Postscript 语言解释，因此激光打印机基本上都可以支持"绘图"命令，而喷墨打印机只有 HP 的全系列可以支持。

6．文件的导入、导出

目前市场上同时存在着很多不同种类的 CAD/CAM 软件，其中二维 CAD 软件主要是以 AutoCAD 为代表，其文件格式为 DWG/DXF，三维 CAD 软件则包括 UG、Creo、CATIA、SolidEdge、SolidWorks 等，这些软件的文件格式都是不同的，无法互相读取。另外，现在软件更新的速度也非常快，平均一年半左右就会有新版本的推出，通常新版本的软件可以读取旧版本的文件，而旧版本的软件则无法读取新版本生成的文件。这些不同软件之间、不同版本之间的文件不兼容性，对协同生产造成了很大的障碍，因此在文件传递过程中通常会将文件转存成符合国际标准的中间图形格式文件，这些中间图形格式通常采用 ASCII 格式或二进制格式，这样才能实现不同软件间文件的相互读取。这种文件格式的转换过程，就是通过文件的导入、导出功能来实现的。

目前国际上常用的，并形成统一格式标准的图形数据格式主要包括 DXF、IGES、STEP三种。

DXF 是 Autodesk 公司开发的用于 AutoCAD 与其他软件之间进行 CAD 数据交换的 CAD 数据文件格式。DXF 是一种开放的矢量数据格式，可以分为两类：ASCII 格式和二进制格式。ASCII 可读性好，但占有空间较大；二进制格式占有空间小、读取速度快。由于 AutoCAD 现在是最流行的 CAD 系统，因此 DXF 也被广泛使用，成为事实上的标准。绝大多数 CAD 系统都能读入或输出 DXF 文件。这种格式通常用于与二维 CAD 文件进行数据交换，只能支持二维曲线数据。

初始图形交换规范（Initial Graphics Exchange Specification，IGES）是由美国国家标准局和工业界于 1975 年共同制定并实施的，可以帮助多个 CAD/CAM 系统并存的制造企业进行数据交换。IGES 格式能够处理 3D 线架元素、曲面和剪裁曲面元素、等距偏置曲线、表皮和表皮边界、二次曲线和颜色。转换完成后，同时产生一个 HTML 格式转换报告。设计人员可以在两个完全不同的系统之间直接进行可靠的双向数据交换，也可以自动存取 IGES 文件。经过 IGES 转化后的格式为"面格式"，所有实体都是通过曲面来构成的，转换后的文件占用空间小，但部分特征经常丢失，且要生成工程图很困难。

产品模型数据交换标准 STEP 是国际标准化组织（ISO）所属技术委员会 TC184（工业自动化系统技术委员会）下的"产品模型数据外部表示"（External Representation of Product Model Data）分委员会 SC4 所制定的国际统一 CAD 数据交换标准。目前商用 CAD 系统提供的 STEP 应用协议主要有 STEP203 和 STEP214 两种，内容包括产品的配置管理、曲面和线框模型、实体模型的小平面边界表示和曲面边界表示等，STEP203 主要针对通用机械设计，STEP214 主要针对汽车产品数据。使用 STEP 转化后的格式为"体格式"，所有特征都是通过实体来构成的，转化后的文件占用空间大于 IGES。

下面分别通过实例介绍这几种格式文件的导入、导出操作方法。

IGES 文件导出：选择"文件"→"导出"→"IGES…"命令，打开"导出至 IGES 选项"对话框，如图 1-27 所示。

对于带有装配关系的文件来说，如果选择"显示部件"，则只把当前显示的零部件导出，如果选择"现有部件"，则将整个装配部件进行导出。

单击"要导出的数据"选项卡，可以选择希望导出几何元素的分类。确定好所有导出选项，如图 1-28 所示，然后单击"确定"按钮，开始导出过程，耐心等待一会，当进度达到"100%"时，文件的导出完成。

STEP 文件导出：选择"文件"→"导出"→"STEP203…"或"STEP214…"命令，即可导出 STEP 格式的文件，如图 1-29 所示，具体操作的过程与 IGES 文件的导出基本一致。

需要注意的是，默认的 STEP 格式"要导出的数据"选项中只包含"实体"类数据，如果要导出数据中还包括曲线、曲面等特征，则需要进行人工选择。

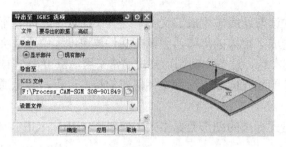

图 1-27 导出 IGES 格式文件　　　　　　　　图 1-28 导出 IGES 格式文件选项设置

　　DWG/DXF 文件导出：选择"文件"→"导出"→"DWG/DXF..."命令，即可导出 DWG 或 DXF 格式的文件，如图 1-30 所示，具体操作的过程与 IGES 文件的导出基本一致。在导出时还可以选择导出的格式是 DXF 还是 DWG。DWG/DXF 格式的导出只能用于二维数据。

图 1-29 导出 STEP 203 格式文件

图 1-30 导出 DXF/DWG 格式文件

　　UG 中还有一些比较常用的其他格式导出工具。

　　部件导出：选择"文件"→"导出"→"部件"命令，打开"导出部件"对话框，如图 1-31 所示，可以将全部或部分几何特征导出为 UG 格式文件，导出的数据可以作为一个新的文件，也可以插入到已有的 UG 文件中。

　　CGM 格式导出：计算机图形源文件的缩写，是 ISO 委员会定义的一种图形格式，用来描述、存储和传输与设备无关的矢量、向量以及两者混合的图像。这种格式导出操作比较简单，可以用来导出二维图形文件，导出的文件可以被 AutoCAD、Word 等软件操作。

　　JPEG、BMP 等格式导出：可以将当前屏幕显示的内容导出为 JPEG、BMP、TIFF 等图片格式，导出时可以勾选"用白色背景"，即可导出白色背景的图片，如图 1-32 所示。

　　导入是导出的逆操作，可以将 IGES、STEP、DWG/DXF 等格式的文件导入到 UG 软件中，并可继续编辑这些几何元素。各种格式的导入操作过程基本一致，下面以 IGES 格式文件的导入为例进行说明。

图 1-31 导出 UG 部件

IGES 格式导入：选择"文件"→"导入"→"IGES…"命令，打开"导入自 IGES 选项"对话框，如图 1-33 所示。

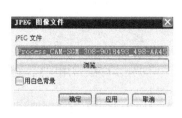

选择利用导出数据新建一个文件还是插入到已有文件中，并指定文件的路径和名称

工件部件：将数据导入到当前工作文件中
新建部件：新建一个UG文件，并将数据导入到新建文件中

图 1-32　导出 JPEG 图像文件　　　　　　　图 1-33　导入 IGES 格式文件

【练习】

1）将 UG 实体文件分别导出为 IGES、STEP 格式文件。

2）将 UG 二维图文件导出为 DXF 格式文件。

3）将 IGES、STEP 文件分别导入到已有的 UG 文件中。

4）将 IGES、STEP 文件分别导入并新建 UG 文件。

5）将 UG 实体文件导出为 JPEG 格式图片。

6）将 UG 二维图文件导出为 CGM 格式图形。

7. UG 用户默认设置

在使用 UG 软件时，可以根据使用者的习惯和爱好对一些 UG 默认的环境设置进行修改。通过"文件"→"实用工具"→"用户默认设置"选项，即可打开对话框，如图 1-34 所示。

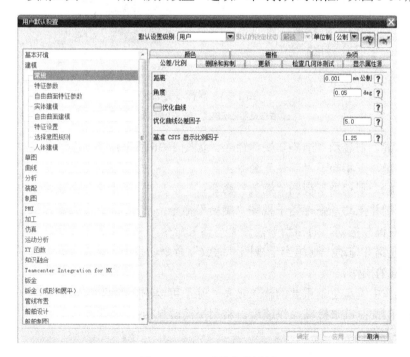

图 1-34　UG 系统参数设置

在该对话框中，可以对需要修改的参数进行编辑。

另外在"首选项"菜单中，也可以对某些环境变量进行修改。

特别注意：该功能只有对 UG 比较熟练的用户才能使用，初学者最好不要操作。

1.2.2 键盘和鼠标操作

1. 鼠标的操作

鼠标作为 UG 操作重要的输入设备，具有非常丰富的功能，下面分别介绍常用的鼠标操作方法。

单击左键：选择特征或命令。

单击右键：

若在工具按钮区域单击右键，则打开"设置工具栏"对话框；

若在绘图区空白处单击右键，则显示常用显示、筛选命令，如图 1-35a 所示；

若在几何特征上单击右键，则显示常用特征操作命令，如图 1-35b 所示；

a)

b)

图 1-35　鼠标右键的使用

a) 右键设置显示模式　b) 右键编辑特征

若长按右键，则显示"渲染"快捷命令，如图 1-36 所示；

若单击中键，则相当于"确认"命令；

若转动滚轮，则相当于视图"缩放"命令；

若按住中键并拖动，则相当于视图"旋转"命令；

若中键+右键并拖动，则相当于视图"平移"命令；

若中键+左键并拖动，则相当于视图"缩放"命令。

图 1-36　"渲染"
快捷命令

2. 快捷键的操作

在 UG 操作中键盘也是重要的输入设备，除了可以输入参数之外，还可以使用或定制快捷键来提高操作速度。常用快捷键包括：

文件(F)→新建(N)...　　　　　　　　　　　　　　　　　　　　　　〈Ctrl+N〉

文件(F)→打开(O)...　　　　　　　　　　　　　　　　　　　　　　〈Ctrl+O〉

文件(F)→保存(S)　　　　　　　　　　　　　　　　　　　　　　　〈Ctrl+S〉

文件(F)→另存为(A)...	〈Ctrl+Shift+A〉
编辑(E)→删除(D)...	〈Ctrl+D〉
编辑(E)→选择(L)→全选(A)	〈Ctrl+A〉
编辑(E)→隐藏(B)→隐藏(B)...	〈Ctrl+B〉
编辑(E)→隐藏(B)→互换显示与隐藏(R)	〈Ctrl+Shift+B〉
编辑(E)→隐藏(B)→不隐藏所选的(S)...	〈Ctrl+Shift+K〉
编辑(E)→隐藏(B)→显示部件中所有的(A)	〈Ctrl+Shift+U〉
编辑(E)→变换(N)...	〈Ctrl+T〉
编辑(E)→对象显示(J)...	〈Ctrl+J〉
应用(N)→建模...	〈Ctrl+M〉
应用(N)→制图(D)...	〈Ctrl+推移+D〉
应用(N)→装配(L)	〈Ctrl+Alt+W〉
刷新(S)	〈F5〉
适合窗口(F)	〈Ctrl+F〉
缩放(Z)	〈F6〉
旋转(O)	〈F7〉
视图方向(R)→正二测视图(T)	〈Home〉
视图方向(R)→正等测视图(I)	〈End〉
视图方向(R)→俯视图(O)	〈Ctrl+Alt+T〉
视图方向(R)→前视图(F)	〈Ctrl+Alt+F〉
视图方向(R)→右视图(R)	〈Ctrl+Alt+R〉
视图方向(R)→左视图(L)	〈Ctrl+Alt+L〉
捕捉视图(N)	〈F8〉

用户还可以自定义快捷键，如图1-37所示。

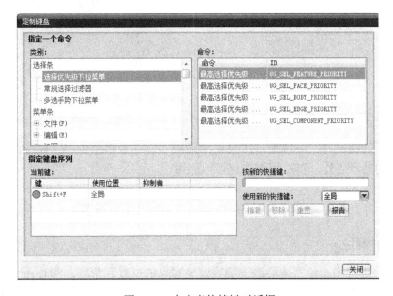

图1-37　自定义快捷键对话框

分别练习鼠标及键盘的快捷操作。

1.2.3　图层的操作

UG 中的图层除了可以控制显示之外，还是对各种几
何元素分类管理的有效工具。UG 中最多可以使用 256 个
图层，1～256 个图层中只有一个是当前工作层。

图层操作在"格式"菜单下，单击"图层设置"命令
即可进入相应对话框，如图 1-38 所示。

图层可以进行分类管理，来分别放置不同类型的几何
特征，如图 1-39 所示。除了工作图层之外，图层属性还
包括：可选、仅可见、不可见，如图 1-40 所示可以根据

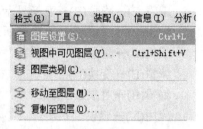

图 1-38　图层设置命令

不同图层的要求进行设置。"对象数"中显示的是每个图层中包含的几何特征数量。

图 1-39　图层设制选项

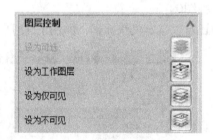

图 1-40　图层属性设置

在定义图层的特征时，可以通过"移动至图层"或"复制至图层"命令。图层除了可以
控制实体特征的显示之外，在工程图中也可以应用。

【练习】
打开 UG 文件，并练习图层操作，包括移动至图层、复制至图层。

1.2.4　视图的操作

在 UG 使用过程中，经常需要改变观察模型对象的位置和角度，同时还会经常改变特征
的显示模式，以方便进行操作和分析研究，这就需要使用者熟练掌握 UG 中各种控制显示模

式的操作，如图 1-41 所示。可以说视图操作是 UG 中最常用的操作之一，其中主要包括：视图基本观察方法、控制视图的渲染样式、观察定向视图、观察视图的截面。

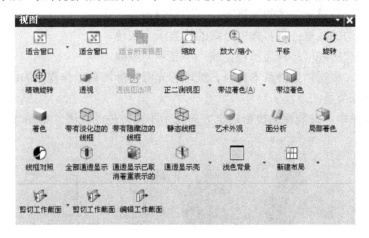

图 1-41　UG 视图控制命令

视图基本观察方法有如下几种。

1）适合窗口：调整工作视图的中心和比例以显示所有对象，即在工作区全屏显示全部视图。

2）缩放：将选定区域进行局部放大和缩小。

3）放大/缩小：对工作区域整体进行视图的缩放。

4）平移：用鼠标拖动工作视图移动。

5）旋转：用鼠标拖动工作视图进行转动。默认的转动是以屏幕中心为旋转原点，也可以通过鼠标右键指定旋转原点，这样展示效果会更好。如果选择精确旋转模式，则会降低旋转速度，提高显示精度。

这些操作可以通过命令按钮选择对应的命令，也可以在工作区单击鼠标右键选择对应的命令，更简洁的方法是直接使用鼠标键的组合进行操作。

控制视图的渲染样式有如下几种。

在对视图进行观察时，为了达到不同的观察效果，往往需要改变视图的显示方式，来展示不同的显示效果，如实体显示、线框显示等，如图 1-42 所示。

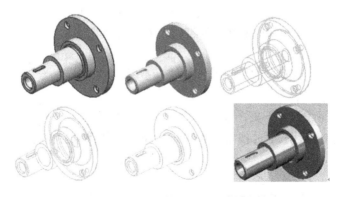

图 1-42　UG 的不同显示效果

1）带边显示：渲染工作实体中实体的面，并显示棱边。

2）着色：只显示渲染工作实体中实体的面，不显示棱边。

3）静态线框：只显示实体的线框图，不渲染表面。

4）带有淡化边的线框：将实体中隐藏的线显示为灰色。

5）带有隐藏边的线框：只显示可见线，不显示隐藏线。

6）真实着色：根据指定的基本材料、纹理和光源实际渲染工作视图的面。

观察定向视图类型如下。

在绝对坐标系中，按照视图投影规定方向显示不同方位的视图，如图 1-43 所示，共包括 8 种视图方位。

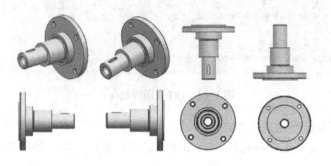

图 1-43　UG 定向视图方位

1）正二测视图：从坐标系的右-前-上方向观察实体。

2）正等测视图：以等角度关系，从坐标系的右-前-上方向观察实体。

3）俯视图：将视图切换至俯视图模式。

4）仰视图：将视图切换至仰视图模式。

5）左视图：将视图切换至正左视图模式。

6）右视图：将视图切换至正右视图模式。

7）前视图：将视图切换至正前视图模式。

8）后视图：将视图切换至正后视图模式。

对于比较复杂的腔体类零件或装配文件，经常需要观察零件内部的情况，这时可以利用"截面"工具对几何体进行剖切，从而达到观察实体内部结构的目的，如图 1-44 所示。

在观察截面时可以对动态坐标进行拖曳来改变截面的方向和位置。

如果需要将截面线保存下来，则可以打开"截面曲线设置"菜单，单击"保存截面曲线副本"按钮，即可得到当前位置的截面曲线，如图 1-45 所示。

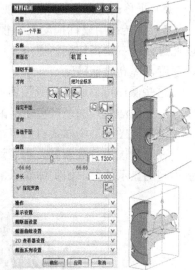

图 1-44　截面显示

【练习】

打开实体文件，进行视图操作练习。

图 1-45　截面曲线设置

1.2.5　对象的操作

在 UG 建模过程中，经常需要选择各种特征，比对这些特征的参数、显示方式等设置进行操作，这些操作也是基本的 UG 操作内容之一。

1. 特征选择的方法

（1）使用鼠标直接选择

在操作过程中，可以直接在工作区域使用鼠标左键来点选几何特征，连续点选即可同时选择多个特征。也可以在空白工作区按住鼠标左键并拖动划过一个区域，即可将所划过区域中的所有特征同时选中。

当选择错误需要取消时，可以按住〈Shift〉键，然后用鼠标左键单击需要取消选择的特征即可。如果按〈Esc〉键，则可以同时取消所有选择的特征。

除了在工作区选择之外，还可以在"部件导航器"中用鼠标左键或〈Shift〉+左键进行特征选择。

（2）使用类选择器进行选择

UG 中每一个几何特征都有很多属性，如几何类型、颜色、线形、所属图层等，这些属性既可以将特征进行分类，又可以通过某些限定条件选择不同类型的对象，从而提高工作效率。

类选择时可以使用 4 种过滤方式。

类型过滤器：根据特征的几何属性进行筛选，包括点、曲线、面、实体、片体、基准等多种类型，如图 1-46 所示。

图层过滤器：可以对指定图层内所包含的几何特征进行选择。

颜色过滤器：可以按照指定颜色进行筛选。UG 中共包括 216 种颜色，如果不知道特征的准确颜色代号，则可以选择"从对象继承"，然后选择一个需要继承的特征，即可提取其颜色代号来定义过滤器，如图 1-47 所示。

图 1-46　类型过滤器

图 1-47　颜色过滤器

属性过滤器：通过指定对象的共同属性来限制对象的范围，如图 1-48 所示。

以上几种过滤器可以同时使用，根据几种过滤方式的交集，来进行更为精确的选择。

使用优先级选择对象：除了以上两种选择对象的方法之外，还可以通过指定优先级来选择对象，如图 1-49 所示。

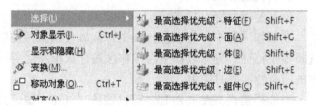

图 1-48　属性过滤器　　　　　　　　　图 1-49　指定优先级选择对象

通过"编辑"→"选择"菜单，在弹出的子菜单中选择指定的选项，即可执行选择设置。

提示： UG 设计的是三维实体特征，而显示器是二维平面显示，所以很多特征在显示时是重叠在一起，相互遮挡的，我们看到的只是排在最前面的。当鼠标停在屏幕上的一点时，在选择范围内可能包括很多特征，为了选到所需的特征，除了使用以上选择方法之外，还可以将鼠标在需要选择的位置上停留几秒钟，就会弹出多选模式，这时单击鼠标左键，弹出"快速拾取"对话框，如图 1-50 所示，从列表中选择所需的几何元素。

图 1-50　快速拾取

2．显示/隐藏对象

在创建复杂模型时，一个文件中往往存在多个实体造型，造成各实体之间的位置关系相互错叠，这样在大多数观察角度上将无法看到被遮挡的实体。这时，将当前不操作的对象隐藏起来，即可对其所覆盖的对象进行方便的操作。

（1）按类型控制显示和隐藏

选择"编辑"→"显示和隐藏"→"显示和隐藏"命令，或使用〈Ctrl+W〉组合键，打开对话框，如图 1-51 所示。

在该对话框的"类型"列表中列出了当前图形中所包含的各类型名称，通过单击右侧显示列中的按钮"+"或隐藏列中的按钮"-"，即可控制该名称类型所对应特征的显示和隐藏状态。

（2）用快捷键控制显示和隐藏

UG 操作中更习惯用快捷键来控制特征的显示和隐藏，方法是：先选定需要隐藏的对象，然后按〈Ctrl+B〉组合键进行隐藏。另外两个常用的组合键是：〈Ctrl+Shift+B〉用于显示和隐藏反转，即将处于隐藏状态的对象变为显示，将处于显示状态的特征变为隐藏。
〈Ctrl+Shift+U〉用于取消隐藏设定，将所有处于隐藏状态的特征变为显示。

图 1-51　分类特征的显示与隐藏控制

3．特征的抑制

通过特征抑制也可以使特征在工作区不可见，但是抑制和隐藏是有很大区别的。隐藏只
是将特征设为不可见，也可以理解为将特征设为透明的状态，而特征还是存在的。抑制可以
理解为特征被强制"关闭了"，也就是不存在了，结果是除了特征本身消失了，属于此特征
的子特征也同时消失了。

抑制特征时可以直接在部件导航器单击特征前的"√"号，也可以在所选特征上单击鼠
标右键，在弹出的快捷菜单中选择"抑制"命令，如图 1-52 所示。

4．编辑对象显示参数

通过对象显示方式的编辑，可以修改对象的颜色、线形、透明度、所属图层等属性，特
别适合创建复杂的实体模型时对各部分的观察、选取以及分析修改等操作。

进行该操作时，可以通过"编辑"→"对象编辑"命令打开"类选择"对话框，从工作
区选取所需对象并确定，打开"编辑对象显示"对话框，如图 1-53 所示。也可以先选定需
要编辑的特征，然后再选择该命令。打开该命令时，可以直接按〈Ctrl+J〉组合键。

图 1-52　特征的抑制

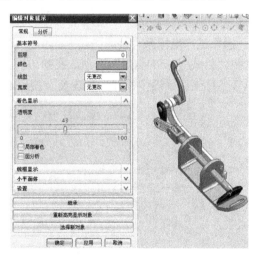

图 1-53　"编辑对象显示"对话框

【练习】

练习上述特征操作。

1.2.6　坐标系的操作

对于三维 CAD 软件来说，所有的操作都是在三维空间环境下进行的，因此，对坐标系的控制和使用是非常重要的。

在 UG 系统中包括 3 种坐标系，分别是绝对坐标系（ACS）、工作坐标系（WCS）、特征坐标系（FCS），其中常用的是绝对坐标系和工作坐标系。绝对坐标系是一个系统默认的固定坐标系，方向和位置是始终不变的。工作坐标系是可以用来操作和改变的，可以根据实际需要进行构建、偏置、变换方向或对坐标系本身保存、显示和隐藏。绝对坐标系下的坐标值用 X、Y、Z 来表示，工作坐标系下的坐标值用 XC、YC、ZC 来表示。

1．建立基准坐标系（CSYS）

在进行复杂产品设计时，可以根据需要，建立多个基准坐标系。在一个图形文件中，可以存在多个基准坐标系，但工作坐标系只能有一个。这些基准坐标系只能用于指示方位，在使用时必须将其设定为工作坐标系，才能够变成当前工作坐标系。

建立基准坐标系，可使用"插入"→"基准/点"→"基准 CSYS"，打开"基准 CSYS"对话框，如图 1-54 所示。

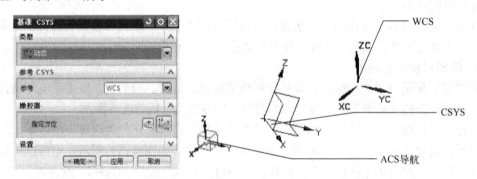

图 1-54　UG 基准坐标系

2．操作工作坐标系

选择"格式"→"WCS"选项，在弹出的子菜单中选择指定的选项，如图 1-55 所示，即可执行各种坐标系操作，各选项含义及使用方法如下。

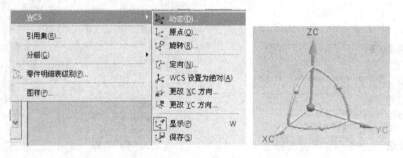

图 1-55　工作坐标系的操作

动态：可以直接使用鼠标拖动来改变 WCS 的位置或角度，拖动坐标轴之间的小球可以进行旋转，拖动箭头可以按所选箭头方向平移，拖动原点处的大球可以按任意方向移动整个坐标系。

原点：直接定义 WCS 的原点坐标值来移动坐标系的位置，移动后的坐标系不改变各坐标轴的方向。

旋转：使当前的 WCS 绕其某一旋转轴旋转一定的角度来定位新的 WCS。

定向：可以按上面介绍的创建 CSYS 方法来重新定义 WCS 的位置。

更改 *XC* 方向或更改 *YC* 方向：选择一点，以该点与原 WCS 原点的连线作为新的 *XC* 或 *YC* 方向转动WCS。

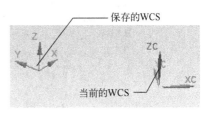

显示：用以显示或隐藏当前的 WCS 坐标。

保存：有一些经过很多复杂的平移或旋转变换后的WCS，可以通过此命令将其保存下来，保存下来的WCS 不但区别于原来的坐标系，也可以随时调用，如图 1-56 所示。

图 1-56　当前工作坐标系

【练习】
练习上述坐标系的操作方法。

1.2.7　特征的测量与分析

在进行设计或使用已有的设计文件时，经常要对几何特征进行测量或查询相关的信息，这些操作可以通过"信息"和"分析"菜单里的相关命令来完成，如图 1-57 所示。

1．信息的查询

对象：列出所选几何对象的全部信息，包括文件信息、特征属性、几何信息等。

点：列出所选点的坐标数值，包括绝对坐标值和工作坐标值。

样条：列出所选样条线的极点、分段，以及结点的阶次和个数的信息。

曲面：可以显示所选曲面的 U 向和 V 向、控制 B 曲面的多边形和补片边界，并列出诸如极点和补片的阶次和个数的信息。

同样还可以根据使用者的需要，列出所需的各种文件信息。

图 1-57　UG "信息"和
"分析"菜单

2．特征的分析

"分析"菜单里提供了各种测量工具，可以根据需要对所选几何特征进行测量。其中比较常用的命令包括测量长度、测量体、曲线分析、曲面的分析等。

测量长度：选择"分析"→"测量距离"命令，即可打开对话框，测量的类型包括点对点距离、投影方向距离、曲线长度等。如果选中了"显示信息窗口"选项，则可直接弹出测量结果报告，如图 1-58 所示。

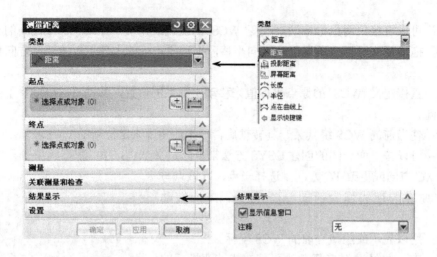

图1-58　距离的测量

测量体：选择"分析"→"测量体"命令，即可选择实体特征进行测量，测量内容包括实体的体积、质量、表面积等几何信息，如图1-59所示。

图1-59　实体信息测量

曲线分析：对于光滑要求比较高的曲线，在编辑过程中可以随时调用曲线分析中的曲率梳、连续性等分析功能，以保证得到符合要求的曲线。

形状分析：在进行质量要求很高的产品外表面设计过程中，需要使用形状分析中的高亮线、反射线等工具对曲面质量进行评价。

【练习】

信息查询和分析命令。

1.2.8　表达式

UG中的表达式是控制和管理特征参数的工具，是实现UG参数化设计必不可少的基本功能。要想深入理解UG的内涵并使用一些复杂功能，必须要理解表达式的含义，并掌握表达式的使用方法。

UG的表达式是一条算术或条件等式，其等式左侧必须是一个简单变量，等式右侧是一个数学语句或一个条件语句。

算术表达式：p11=118/2。

条件表达式：Radius=if(Delta<10)(3)else(4)。

通过算术和条件表达式，用户可以控制部件的特性，如控制部件中特征或对象的尺寸。通过表达式不但可以控制部件中特征与特征之间、对象与对象之间、特征与对象之间的相互尺寸与位置关系，而且可以控制装配中的部件与部件之间的尺寸与位置关系。

1. 表达式对话框

选择"工具"→"表达式"命令，即可打开表达式界面，如图1-60所示。

2. 表达式语法

在 UG 中，表达式有它自己的语法，通常模仿 C 语言

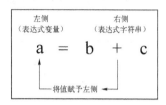

图1-60 UG 表达式界面

中的表达式用法。表达式由两部分组成，左侧为变量名，右侧为组成表达式的字符串，如图 1-61 所示。表达式字符串经计算后将值赋予左侧的变量。一个表达式等式的右侧可以是含有变量、函数、数字、运算符和符号的组合或常数。用于表达式等式右侧中的每一个变量，必须作为一个表达式名字出现在某处。

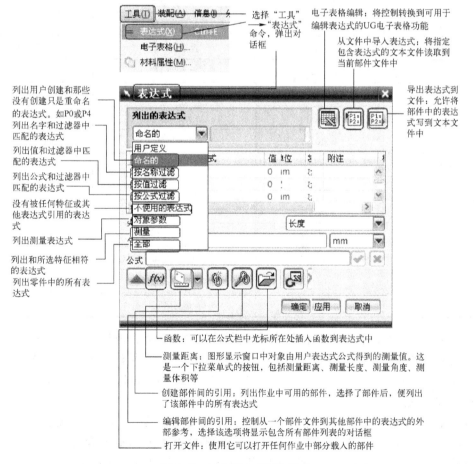

图1-61 UG 表达式语法格式

变量名：表达式的变量名是由字母与数字组成的字符串，但必须以字母开始，可以包含下画线"＿"。表达式变量名的字母不区分大小写，如果表达式的单位设为恒定，则表达式变量名大小写有区别。

运算符：UG 表达式运算符分为算术运算符（+、-、*、/）、关系运算符（>、<、>=）和连接运算符（^）。

内置函数：建立表达式时，可使用 UG 的内置函数，常用内置函数见表 1-1。

表 1-1 UG 表达式内置函数

函 数 名	函 数 表 示	函 数 意 义	备 注
sin	sin(x/y)	正弦函数	x 为角度函数
cos	cos(x/y)	余弦函数	x 为角度函数
tan	tan(x/y)	正切函数	x 为角度函数
sinh	sinh(x/y)	双曲正弦函数	x 为角度函数
cosh	cosh(x/y)	双曲余弦函数	x 为角度函数
tanh	tanh(x/y)	双曲正切函数	x 为角度函数
abs	abs(x)=	绝对值函数	结果为弧度
asin	asin(x/y)	反正弦函数	结果为弧度
acos	acos(x/y)	反余弦函数	结果为弧度
atan	atan(x/y)	反正切函数	结果为弧度
atan2	atan2(x/y)	反余切函数	atan(x/y)结果为弧度
log	log (x)	自然对数	log (x)=ln(x)
log10	log10 (x)	常用对数	log10 (x)=lgx
exp	exp (x)	指数	e^x
fact	fact (x)	阶乘	x!
sqrt	sqrt (x)	平方根	$\sqrt{x}$
hypot	hypot (x,y)	直角三角形斜边	$sqrt(x^2+y^2)$
ceiling	ceiling (x)	大于或等于 x 的最小整数	
floor	floor (x)	小于或等于 x 的最大整数	
pi	pi()	圆周率 π	3.14159265358

在表达式中使用注释。在注释前使用双正斜线"//"可以在表达式公式中添加注释。双正斜线表示让系统忽略它后面的内容，直到该公式的末端。利用注释可以起到提示作用，说明表达式是"用来做什么的"。例如 length=2×width //length is twice than width。

3. 条件表达式

条件表达式是利用 if else 语法结构创建的表达式，其语法是"VAR=if(exp1)(exp2)else(exp3)"，其中，VAR 为变量名，exp1 为判断条件表达式，exp2 为判断条件表达式结果为真时所执行的表达式，exp3 为判断条件表达式结果为假时所执行的表达式。

例如条件表达式为"Radius=if(Delta<10)(3)else(4)",其含义是:如果 Delta 的值小于10,则"Radius=3",如果 Delta 的值大于或等于10,则"Radius=4"。

4.创建和编辑表达式

表达式可以自动创建,也可以手动进行创建。

自动创建是被动的,当使用 UG 创建某些特征时,系统会自动生成一些表达式,这些自动生成的表达式名字开头都是字母 p,后面按照创建次序加数字编号。如在一个新建文件里创建一个基本立方体,则系统就会自动生成 p9、p10、p11 三个表达式,分别代表立方体长、宽、高。用户可以随时更改这 3 个表达式的数值,对应的立方体也会随之改变。当进行以下操作时,系统会自动建立各类必要的表达式。如图 1-62 所示。

在特征建模时,当创建一个特征,系统会为特征的各个尺寸参数和定位参数建立各自独立的表达式。

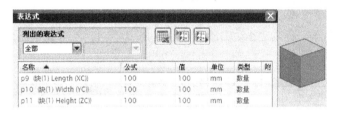

图 1-62　系统自动生成表达式

在标注草图时,标注某个尺寸,系统会对该尺寸建立相应的表达式。

在装配建模时,设置一个装配条件,系统会自动建立相应的表达式。

为了方便记忆,用户也可以对自动生成的表达式进行更名。操作时选定需要更名的表达式,然后在"名称"文本框中输入新名称,单击右侧"√"按钮即可完成更名。

手动创建表达式是主动的,可以在开始建模之前先定义一些关键表达式。

通常在设计一个产品时,都会预先确定一些产品的关键参数,那么在开始建模之前,先打开表达式对话框,分别在"名称"和"公式"文本框中输入这类表达式的名称和数值或计算公式。在建模过程中需要用到这些表达式时,直接输入表达式的名称即可。

例如先分别建立 L、W、H 3 个参数,并定义其数值或表达式,建模时直接输入表达式名称 L、W、H 即可,如图 1-63 所示。

名称 ▲	公式	值	单位	类型	附注
H	if(L<100)(40)else(60)	60	mm	数量	
L	100	100	mm	数量	.
W	L/2	50	mm	数量	

尺寸		
长度 (XC)	L	mm
宽度 (YC)	W	mm
高度 (ZC)	H	mm
布尔		

图 1-63　表达式的自定义命名

5.表达式之间的关联

通常一个产品是由若干个零件组装而成的,这些零件之间,有很多尺寸是有相互关系的,如有配合关系的孔和轴的直径。在使用 UG 进行产品设计时,可以使用表达式之间的关联来定义这种有相关性的表达式,当定义了这种关联之后,如果有一个表达式的数值发生了改变,则与之相关的表达式也会同时改变。

例如模具中的导柱和导套，先创建一个导柱文件，定义一个表达式 D，作为导柱的直径，如图 1-64 所示。

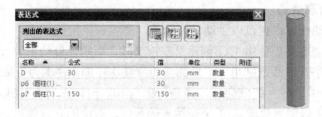

图 1-64　创建导柱的直径 D

再创建一个导套文件，定义一个表达式 d，作为导套的内径。在定义表达式 d 时，单击"创建部件间引用"按钮，在弹出的"选择部件"对话框中选择导柱文件名（DZ.prt）并确定，如图 1-65 所示。即弹出导柱零件文件中的所有表达式的列表，从中选择表达式 D 并确定，表达式 d 的公式变成"d= "DZ"::D"，这样 d 和 D 之间就建立了关联，如图 1-66 所示。

图 1-65　UG 表达式之间关联的建立

图 1-66　UG 表达式之间的关联

当需要更改表达式之间的关联时，可以单击"编辑部件间引用"按钮，来编辑或删除这种引用关系。

需要注意的是，这种表达式之间的关联是有主次关系的，一个是主控的，另外一个是被控的，如上例中若 D 是主要参数，是主控的，则 d 是次要参数，是被控的。当需要修改表达式的数值时，只能修改主要参数，不能直接修改次要参数。

【练习】

表达式的建立和编辑。

项目小结

UG 作为大型三维 CAD/CAE/CAM 系统代表性软件之一，其功能和使用范围是非常广泛的，可以用"博大精深"来形容，因此，其学习过程是长期的。要想真正学好这个软件并能在工作中发挥最大作用，需要注意以下几点。

1）UG 软件的学习是长期的、循序渐进的一个过程，因此在学习的过程中切忌急躁。

2）UG 软件涉及的行业非常多，而一般使用者通常只需用到与本行业相关的一些模块，因此在学习的过程中不要盲目贪多，要结合自身岗位学习。例如，一般的非设计工程技术人员，平时的工作只需调用已有的设计文件进行尺寸查询、工艺制定方面的工作，那么只掌握本章所介绍的基本操作内容就足够了；如果是专业设计人员，则要熟练掌握相关的建模功能；如果是数控加工方面的工作人员，则要掌握 CAM 方面的知识。

3）在学习过程中不要只满足于命令的操作，要去深入体会软件的操作思路和规律，这样才能对软件有深入理解，使用起来才能"得心应手"，而且也会使学习其他模块变得更容易。

4）学习过程中不要"迷恋"软件，要牢记软件只是工具，只是用来实现设计者的意图，对于工程技术人员来说，专业的知识和原理才是最重要的，只有将专业知识和软件操作方法结合起来，软件才是有用的，否则，即使掌握了所有软件的操作方法也是没用的。

项目考核

一、填空题

1. UG 中的_____模块，能够使设计人员方便、快捷地获得三维实体模型投影，并通过该投影生成完全相关的二维工程图。

2. 在建模过程中，最常用的是_____坐标系，它可以根据实际需要进行构造、偏置、变换方向等操作。

3. UG 中的_____是控制和管理特征参数的工具，是实现 UG 参数化设计必不可少的基本功能之一。

4. UG 软件的技术特点主要包括_____、_____、_____这 3 个方面。

5. 导航栏主要包括_____、_____、_____3 个导航器。

二、选择题

1. _____模块为设计者提供了一个与 UG 的三维建模环境完全整合的模具设计环境，通过该模块可逐步引导用户进行模具设计工作。

    A. 建模   B. 装配   C. 制图   D. 注塑模

2. 下列_____选项不属于新建文件中的选项卡。

    A. 模型   B. 图纸   C. 装配   D. 仿真

3. 在"点构造器"对话框中，可以利用_____这两种方式进行点的构造。

    A．系统坐标系和工作坐标系　　　　　B．WC 和绝对坐标系

    C．球形和笛卡儿　　　　　　　　　　D．智能捕捉和坐标输入

4. 隐藏特征的组合键是_____。

    A．〈Ctrl+T〉　　　B．〈Ctrl+B〉　　　C．〈Ctrl+Shift+B〉　　　D．〈Ctrl+J〉

5. 表示文件之间参数关联的正确格式是_____。

    A．d= "DZ"::D　　　B．d= DZ::D　　　C．d= "DZ":D　　　　D．d== "DZ"::D

三、判断题（错误的打×，正确的打√）

1. 当退出 UG 时，用户界面的布置、大小、设置都将被保存。　　　　　　（　　　）

2. 鼠标中键（MB2）的用途只是确认选择的对象。　　　　　　　　　　（　　　）

3. 同时按住鼠标中键和左键拖动可以放大或缩小对象。　　　　　　　　（　　　）

4. 同时按住鼠标中键和右键拖动可以平移对象。　　　　　　　　　　　（　　　）

四、问答题

1. UG NX 中主要有哪些功能模块？各自的功能是什么？

2. 常用的 CAD 软件数据交换格式有哪些？如何操作？

项目 2　草　图　绘　制

　　草图是 UG 建模中建立参数化模型的一个重要工具。草图是指在某个指定平面上用点、线（直线或曲线）等元素绘制的二维图形的集合或总称。草图中的所有图形元素都可以进行参数化控制。草图建模是高端 CAD 软件的又一重要建模方法，适用于创建截面复杂的实体或曲面模型。

【能力目标】
　　1. 掌握草图绘制的方法与步骤。
　　2. 熟练掌握草图工具的各种命令或直接草图中的各种命令的应用，掌握典型草图实例绘制的技巧。

【知识目标】
　　1. 草图首选项的设置。
　　2. 草图任务环境的进入。
　　3. 草图曲线创建、编辑。
　　4. 草图的约束。

【知识链接】

2.1　草图绘制基础知识

2.1.1　草图绘制的方法与步骤

1. 新建一个模型文件

　　在工具栏中，单击"新建"图标 ，系统弹出"新建"对话框，如图 2-1 所示。其中，单位选"毫米"，名称选"模型"，注意选择存储路径的文件夹和文件名。然后单击"确定"按钮，进入一个新的文件。

2. 草图首选项设置

　　在主菜单中选择"首选项"→"草图"选项，弹出"草图首选项"对话框，如图 2-2 所示。主要选项卡含义如下。

　　（1）草图样式它主要用于草图的尺寸标注形式、文本高度，是否连续自动创建尺寸和约束设置等。如图 2-2a 所示。

　　1）尺寸标签：确定尺寸表示方式。单击"值"选项时，所标注的尺寸将仅显示测量值。

　　2）屏幕上固定文本高度：可在下面的"文本高度"文本框中输入文本高度。

　　3）创建自动判断约束：若选择该复选框，则在绘制草图时，系统将自动判断约束。若禁用该复选框，则在绘制草图时，系统不自动判断约束。

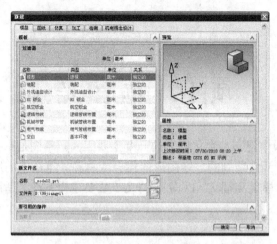

图 2-1 "新建"对话框

4）连续自动标注尺寸：若选择该复选框，则在绘制草图时，系统将自动连续标注尺寸。若禁用该复选框，则在绘制草图时，系统不自动连续标注尺寸。

5）显示对象颜色：若选择该复选框，则在绘制草图时，系统将显示对象颜色。若禁用该复选框，则在绘制草图时，系统不显示对象颜色。

（2）会话设置它主要用于控制视图方位、捕捉误差范围等，如图 2-2b 所示。

1）捕捉角：用来控制捕捉误差允许的角度范围。

2）更改视图方位：若选择该复选框，则在完成草图绘制切换到建模环境后，视图方向也将发生改变；若禁用该复选框，则切换环境后视图方向不变。

3）背景：设置背景色的显示方法。

4）名称前缀：通过对该选项组中各文本框内容的修改，可以改变各草图元素名称的前缀。

图 2-2 "草图首选项"对话框

a）"草图样式"选项卡　b）"会话设置"选项卡　c）"部件设置"选项卡

（3）部件设置

在该选项卡中单击各类元素后的颜色块，将打开"颜色"对话框。可以对各种元素颜色进行设置，单击"继承自用户默认设置"按钮，将恢复系统默认的颜色，以便选择新的颜色，如图 2-2c 所示。

3．进入草图任务环境

方法一：选择主菜单中的"插入"→"任务环境中的草图"，弹出"创建草图"对话框，如图 2-3 所示，可以选择坐标平面、实体上的平面，也可以创建基准平面。确定草图绘制平面（可以是默认的 X-Y 平面），单击"确定"按钮，即进入草图任务环境。

方法二：单击如图 2-4 所示"直接草图"工具条中"直接草图"图标1 ，也会弹出"创建草图"对话框，如图 2-3 所示，可以选择坐标平面、实体上的平面，也可以创建基准平面。确定草图绘制平面（可以是默认的 X-Y 平面），单击 "确定"按钮，可以在建模环境中利用"直接草图"工具条的命令绘制草图。（如果再单击"直接草图"工具条中"直接草图"图标2 ，则又进入草图任务环境，可在草图环境下绘制草图。）

图 2-3 "创建草图"对话框   图 2-4 "直接草图"工具条

4．绘制草图

1）进入草图环境后，利用"草图工具"工具条中的草图绘制的各种命令进行草图绘制。如图 2-5 所示。

2）也可以在建模环境中，利用"直接草图"工具条中的草图绘制的各种命令进行草图绘制。如图 2-6 所示。

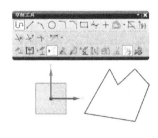   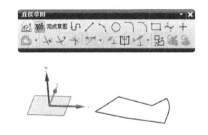

图 2-5 "草图工具"工具条   图 2-6 "直接草图"工具条

5．退出草图

1）草图绘制完成后，单击"草图工具"工具条中的"完成草图"图标 ，或在绘图区空白处单击鼠标右键，在弹出的快捷菜单中，选择完成草图，系统将会退出草图环境，回到建模环境。单击工具栏上的图标 ,保存该草图,或单击主菜单"文件"中的"另存为",将草图保存在指定的文件夹下。

2）如果是在建模环境下绘制草图,完成后单击"直接草图"工具条中"完成草图"图标 ![],如图 2-7 所示。系统也会退出草图环境,回到建模环境,利用草图进行实体或片体造型。单击工具栏上的图标 ![],保存该草图,或单击主菜单"文件"中的"另存为",将草图保存在指定的文件夹下。

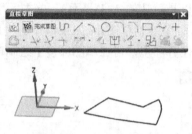

图 2-7 "直接草图"工具条的"完成草图"

6. 草图修改

当草图绘制完毕后,并且已经单击了"完成草图"图标 ![],这时发现草图有问题(绘制错误或约束没有到位)需要修改,则必须重新进入需要修改的那个草图的任务环境。其方法是:在部件导航器中,找到需要编辑的草图,然后双击该草图,此时就进入"直接草图"状态,再单击"直接草图"工具条中的图标 ![],即可以打开环境任务中的草图,就进入了该草图任务环境,然后重新修改草图,进行必要的尺寸或几何约束即可。最后再单击"完成草图"图标 ![],就完成了草图的修改。

2.1.2 草图工作平面

草图工作平面是草图所依赖的绘制环境,要绘制草图首先要选择平面(或创建草图平面),同一草图元素必须在同一平面内完成。在 UG NX 中,创建草图工作平面的方法主要有以下两种:在平面上和基于路径,如图 2-8 所示。下面分别讲述创建草图工作平面的这两种方法。

1. 在平面上

以平面为基础来创建所需的草图工作平面。在"平面方法"下拉列表中,提供 3 种指定草图工作平面的方式。如图 2-9 所示。

图 2-8 创建草图工作平面对话框

图 2-9 "平面方法"下拉列表

（1）现有平面

指定坐标系中的基准面作为草图平面，或选择三维实体中的任意一个面作为草图平面。

1）在"创建草图"对话框中，选择"平面方法"下拉列表中的"现有平面"选项。

2）在绘图区选择一个已有平面（如 X-Y 坐标平面），以此来作为草图绘制的工作平面，如图 2-10a 所示。单击"确定"按钮，进入选择的 X-Y 平面的草图工作平面，如图 2-10b 所示。然后就可以在此平面绘制草图了。

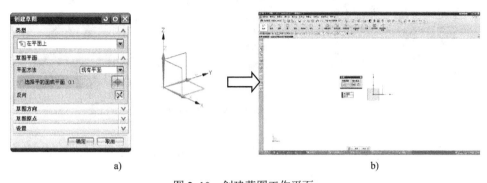

a)   b)

图 2-10 创建草图工作平面

a) 选择"现有平面"   b) 进入 X-Y 草图工作平面

（2）创建平面

以现有平面、实体及线段等元素为参照，创建一个新的平面，然后用此平面作为草图平面。

1）在"平面方法"下拉列表中单击"创建平面"选项。如图 2-11a 所示。

2）单击"平面工具"图标，打开"平面"对话框。如图 2-11b 所示。

3）选择所需参考平面，并在"平面"对话框中输入相应参数，创建出所需平面。

4）单击"确定"按钮返回"创建草图"对话框，选择此平面作为草图平面，如图 2-11c 所示。

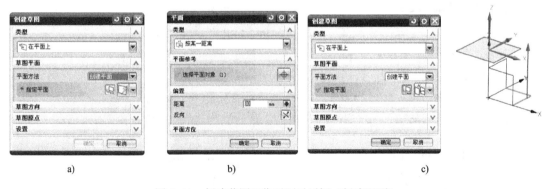

a)   b)   c)

图 2-11 创建草图工作平面对话框（创建平面）

a) 选择"创建平面"选项   b) "平面"对话框   c) 指定为草图平面

（3）创建基准坐标系

首先创建一个新的坐标系，然后通过选择新坐标系中的基准面来作为草图工作平面。

1）在"平面方法"下拉列表中选择"创建基准坐标系"选项。如图 2-12a 所示。

2）单击"创建基准坐标系"图标，打开"基准 CSYS"对话框。如图 2-12b 所示。

3）建立新的坐标系，单击"确定"按钮返回"创建草图"对话框。

4）选择新建坐标系下的某个坐标平面作为草图绘制平面即可。

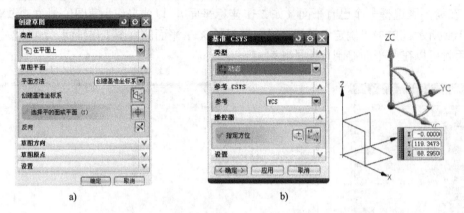

图 2-12　创建草图工作平面对话框（创建基准坐标系）

a) 创建基准坐标系　b) "基准 CSYS"对话框

2．基于路径

以已有直线、圆、实体边线、圆弧等曲线为基础，选择与曲线轨迹垂直、平行等各种不同关系形成的平面为草图平面。

1）在"创建草图"对话框的"类型"下拉列表中选择"基于路径"选项，如图 2-13a 所示。

2）选择路径（即曲线轨迹），在对话框中设置平面位置、平面方位等参数，如图 2-13b 所示。

3）单击"确定"按钮，完成草图基准面的创建。

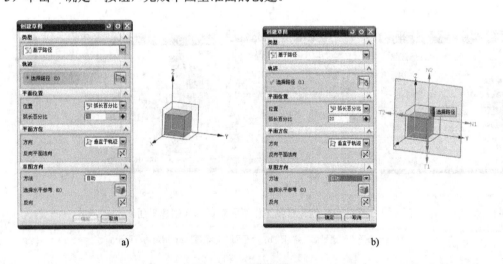

图 2-13　创建草图工作平面对话框（基于路径）

a) 选择"基于路径"选项　b) 设置参数

42

2.2 任务 1 垫板零件草图的绘制

【学习目标】

1. 掌握直线、矩形、圆的草图创建命令的应用与操作方法。

2. 掌握圆角、倒斜角、制作拐角、派生直线、曲线偏置、阵列、快速修剪、快速延伸草图编辑命令的应用与操作方法。

3. 掌握各种尺寸约束和几何约束命令的应用与操作方法。

【学习重点】

综合运用各种命令绘制垫板零件的二维草图。

【学习难点】

掌握垫板零件的草图绘制的技巧。

垫板如图 2-14 所示。通过该实例的草图绘制主要掌握的命令有：直线、矩形、圆、圆角、阵列、快速修剪、尺寸约束和几何约束。

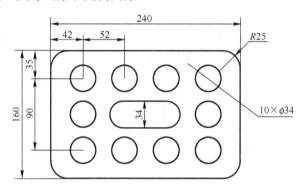

图 2-14　垫板零件图

2.2.1　知识链接

1. 草图的绘制与编辑

（1）直线草图的绘制

在"草图工具"工具条中单击图标 ∕，打开"直线"对话框。可以指定直线起点和终点参数，如图 2-15 所示。

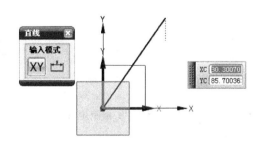

图 2-15　直线绘制

（2）矩形草图的绘制

在"草图工具"工具条中单击图标 □，打开"矩形"对话框。创建矩形主要有"指定两点画矩形"、"指定三点画矩形"和"指定中心画矩形" 3 种方法。

1）指定两点画矩形：①单击"矩形"对话框中图标 □；②依次指定矩形的两个对角点，或指定矩形的一个角点，然后输入矩形的长和宽，完成矩形绘制，如图 2-16 所示。

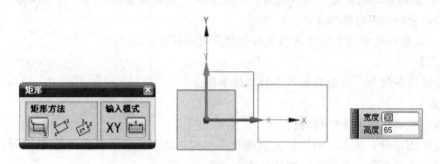

图 2-16　两点绘制矩形

2）指定三点画矩形：①单击"矩形"对话框中图标 □；②依次指定矩形的 3 个对角点，或指定矩形的一个角点，然后输入矩形的长、宽和倾斜角度，完成矩形绘制，如图 2-17 所示。

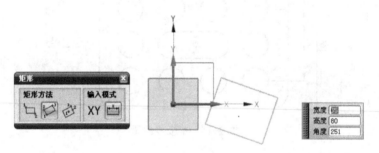

图 2-17　三点绘制矩形

3）指定中心画矩形：①单击"矩形"对话框中图标 □；②依次指定矩形的中心点，然后输入矩形的长、宽和倾斜角度，完成矩形绘制，如图 2-18 所示。

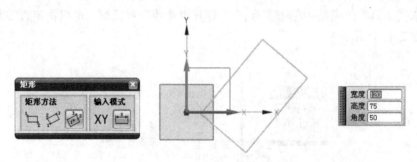

图 2-18　指定中心绘制矩形

（3）圆草图的绘制

在"草图工具"工具条中单击图标 ○，弹出"圆"对话框。创建圆的轮廓主要有"圆心及直径"和"指定三点"两种方法。

1）圆心和直径定圆。①单击"圆"对话框中的图标⊙，在绘图区指定圆心；②输入直径数值，完成绘制圆操作，如图 2-19 所示。

2）三点定圆。单击图标◎，依次拾取圆上的 3 个点，也可以拾取 2 个点，输入直径数值，完成绘制圆操作，如图 2-20 所示。

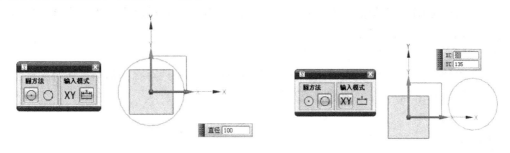

图 2-19　圆心和直径定圆　　　　　　　　　图 2-20　三点定圆

（4）圆角过渡草图的编辑

利用"圆角"命令，可以在两条或三条曲线之间倒圆角，包括修剪倒圆角、不修剪倒圆角和删除第三条曲线倒圆角 3 种方法，如图 2-21 所示。

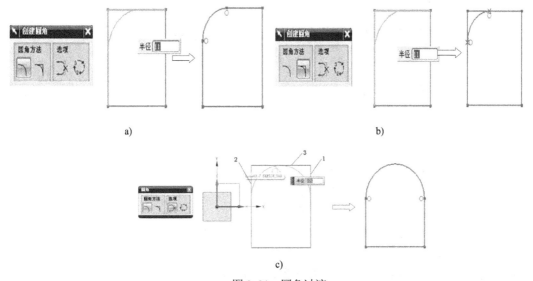

图 2-21　圆角过渡

a) 修剪倒圆角　b) 不修剪倒圆角　c) 删除第三条曲线倒圆角

1）修剪倒圆角。

① 单击"圆角"图标╮，弹出"创建圆角"对话框。

② 单击"创建圆角"对话框中的按钮╮，依次选取要倒圆角的两条曲线，在文本框中输入半径值，按〈Enter〉键，完成倒圆角操作，得到如图 2-21a 所示结果。

2）不修剪倒圆角。

① 单击"圆角"图标╮，弹出"创建圆角"对话框。

② 单击"创建圆角"对话框中的按钮 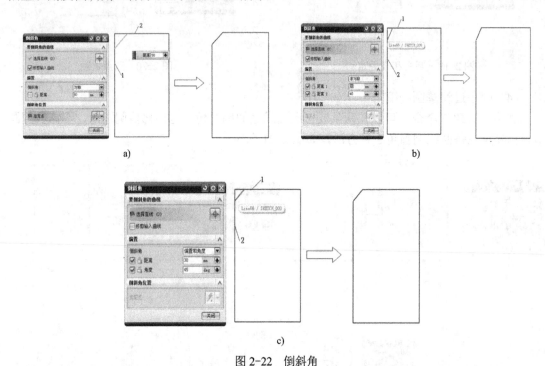，依次选取要倒圆角的两条曲线，在文本框中输入半径值，按〈Enter〉键，完成倒圆角操作，得到如图 2-21b 所示结果。

3）删除第三条曲线倒圆角。

此方法可以选择 3 条曲线进行倒圆角，其中第三条曲线为圆角的切线并会被删除。

① 单击"圆角"图标 ，弹出"创建圆角"对话框。

② 单击"删除第三条曲线"按钮 ，依次选取需要形成圆角的三条曲线 1、2、3，完成倒圆角操作，得到如图 2-21c 所示结果。

（5）倒斜角草图编辑

利用"倒斜角"命令，可以在两条曲线之间倒斜角，包括对称倒斜角、非对称倒斜角、偏置和角度倒斜角 3 种方法。如图 2-22 所示。

图 2-22　倒斜角

a) 对称倒斜角　b) 非对称倒斜角　c) 偏置和角度倒斜角

1）对称倒斜角。

① 单击"倒斜角"图标 ，弹出"倒斜角"对话框。

② 在"倒斜角"对话框中，"偏置"选项组中的"倒斜角"下拉列表选"对称"，"距离"选项输入具体数值，按〈Enter〉键，依次选取要倒斜角的两条曲线 1、2，完成倒斜角操作，得到如图 2-22a 所示结果。

2）非对称倒斜角。

① 单击"倒斜角"图标 ，弹出"倒斜角"对话框。

② 在"倒斜角"对话框中，"偏置"选项组中的"倒斜角"下拉列表选"非对称"，"距离 1"选项中输入具体数值然后勾选"锁定距离"复选框，"距离 2"选项中输入具体数值然后勾选"锁定距离"复选框，依次选取要倒斜角的两条曲线1、2，完成倒斜角操作，得到如

图 2-22b 所示结果。

3）偏置和角度倒斜角。

① 单击"倒斜角"图标 ，弹出"倒斜角"对话框。

② 在"倒斜角"对话框中，"偏置"选项组中的"倒斜角"下拉列表选"偏置和角度"，"距离"选项中输入具体数值然后勾选"锁定距离"复选框，"角度"选项中输入具体数值然后勾选"锁定距离"复选框，依次选取要倒斜角的两条曲线，完成倒斜角操作，得到如图 2-22c 所示结果。

（6）制作拐角草图的编辑

利用"制作拐角"命令，可以将两条曲线之间尖角连接。长的部分自动裁掉，短的部分自动延伸。

1）单击"倒斜角"图标 ，弹出"制作拐角"对话框。

2）依次选取要制作拐角的两条曲线 1、2，完成 1、2 两条曲线制作拐角操作，再依次选曲线 3、4，完成 3、4 两条曲线制作拐角操作，得到如图 2-23 所示结果。

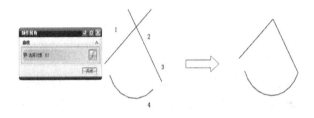

图 2-23　制作拐角

（7）快速修剪草图的编辑

"快速修剪"命令可以以任意方向将曲线修剪至最近的交点或选定的边界。主要有"单独修剪"、"统一修剪"和"边界修剪"3 种修剪方法。如图 2-24 所示。

1）单独修剪。

① 单击图标 ，弹出"快速修剪"对话框。

② 依次选取要修剪的曲线 1 和 2，系统将根据被修剪元素与其他元素的分段关系自动完成修剪操作，得到如图 2-24a 所示结果。

2）统一修剪：统一修剪可以绘制出一条曲线链，然后将与曲线链相交的曲线部分全部修剪。

① 单击图标 ，弹出"快速修剪"对话框。

② 按住鼠标左键不放，拖过需要修剪的曲线元素，系统将自动把被拖过的曲线修剪到最近的交点，得到如图 2-24b 所示结果。

3）边界修剪：边界修剪可以选取任意曲线作为边界曲线，被修剪对象在边界内的部分将被修剪，而边界以外的部分不会被修剪。

① 单击图标 ，打开"快速修剪"对话框。

② 单击"边界曲线"选项组中的按钮 ，依次拾取边界。

③ 单击"要修剪的曲线"选项组中的按钮 ，选取需要修剪的对象，得到如图 2-24c 所示结果。

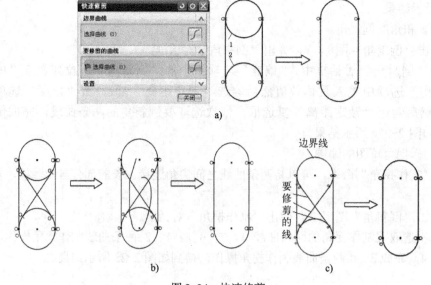

图 2-24 快速修剪

a) 单独修剪   b) 统一修剪 c) 边界修剪

（8）快速延伸草图的编辑

快速延伸草图是将草图元素延伸到另一临近曲线或选定的边界线处。"快速延伸"工具与"快速修剪"工具的使用方法相似，主要有"单独延伸"、"统一延伸"、"边界延伸"3 种方法。如图 2-25 所示。

1）单独延伸。

① 单击图标，弹出"快速延伸"对话框。

② 直接拾取要延伸的曲线 1 元素，系统将根据需要延伸的元素与其他元素的距离关系自动判断延伸方向，并完成延伸操作，得到如图 2-25a 所示结果。

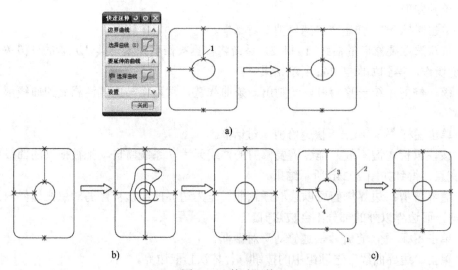

图 2-25 快速延伸

a) 单独延伸   b) 统一延伸   c) 边界延伸

48

2）统一延伸：通过曲线链的方式同时延伸多条曲线。

① 单击"快速延伸"按钮 ，打开"快速延伸"对话框。

② 按住鼠标左键拖过需要延伸的曲线，即可完成延伸操作，得到如图 2-25b 所示结果。

3）边界延伸：指定延伸边界后，被延伸元素将延伸到边界处。

① 单击图标 ，打开"快速延伸"对话框。

② 单击"边界曲线"选项组中的按钮 ，依次拾取边界 1、2。

③ 单击"要延伸的曲线"选项组中的按钮 ，选取需要延伸的对象 3、4，即可完成延伸操作，得到如图 2-25c 所示结果。

（9）派生直线

派生直线有 3 个用途：①创建某一直线的平行线；②创建某两条平行直线的平行且平分线；③创建某两条不平行直线的角平分线。如图 2-26 所示。

1）用于创建某一直线的平行线，首先单击"草图工具"工具条中的"派生直线"图标 ，点选直线后拖动或输入偏置数值，按〈Enter〉键，得到如图 2-26a 所示结果（可以连续做多条距离不同的平行线）。

2）用于创建某两条平行直线的平行且平分线，首先单击"草图工具"工具条中的"派生直线"图标 ，依次点选两条平行直线拖动或输入长度数值，按〈Enter〉键，得到如图 2-26b 所示结果。

3）用于创建某两条不平行直线的角平分线，首先单击草图工具条中的"派生直线"图标 ，依次点选两条直线拖动或输入长度数值，按〈Enter〉键，得到如图 2-26c 所示结果。

a)　　　　　　　　　　　b)　　　　　　　　　　　c)

图 2-26　派生直线

a) 创建某一直线平行线　b) 创建某两条平行直线的平行且平分线　c) 创建某两条不平行直线的角平分线

（10）偏置曲线

偏置曲线是指对草图平面内的曲线或曲线链进行偏置，并对偏置生成的曲线与原曲线进行约束。偏置曲线与原曲线具有关联性，即对原曲线进行的编辑修改，所偏置的曲线也会自动更新。

1）单击"草图工具"工具条中的图标 ，弹出"偏置曲线"对话框。

2）选择需偏置的曲线，系统会自动预览偏置结果。如有必要，则单击"偏置曲线"对话框中的反向按钮 ，可以使偏置方向反向。

3）在"偏置曲线"对话框中的"偏置"选项组中的"距离"文本框中输入偏置距离或拖动图中的箭头。单击对话框中的"应用"或"确定"按钮，得到如图 2-27 所示结果（在"偏置曲线"对话框中"偏置"选项区中的"副本数"中输入不同的数字，可以同时偏置多个曲线）。

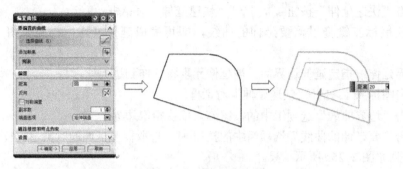

图 2-27　曲线偏置

（11）阵列曲线

阵列曲线是指将草图几何对象以某一规律复制成多个新的草图对象。阵列的对象与原对象形成一个整体，当草图自动创建尺寸、自动判断约束时，对象与原对象保持相关性。阵列曲线的布局形式主要有 3 种：线性阵列、圆形阵列、常规阵列。如图 2-28 所示。

1）线性阵列。

① 单击“草图工具”工具条中的图标 ，弹出“阵列曲线”对话框。

② 在“阵列曲线”对话框中的“阵列定义”选项组下的“布局”下拉列表中选择“线性”。

③ 选择需阵列的曲线。

④ 在“方向 1”选项组中，点选 X 坐标轴（或直线），在“数量”和“节距”中输入相应的数值。在“方向 2”选项组中，点选 Y 坐标轴（或直线），在“数量”和“节距”中输入相应的数值。

⑤ 单击“应用”或“确定”按钮，完成线性阵列，如图 2-29 所示。

图 2-28　阵列曲线对话框

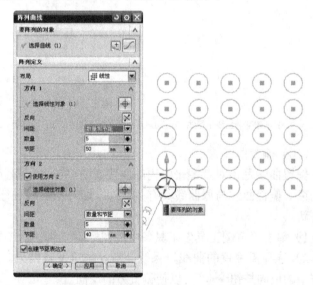

图 2-29　线性阵列

2）圆形阵列。

① 单击“草图工具”工具条中的图标 ，弹出“阵列曲线”对话框。

② "阵列曲线"对话框中的"阵列定义"选项组下的"布局"下拉列表中选"圆形"。

③ 选择需阵列的曲线。

④ 指定旋转点。

⑤ 在"角度方向"选项组中，"数量"和"节距角"输入相应的数值。

⑥ 单击"应用"或"确定"按钮，完成圆形阵列，如图 2-30 所示。

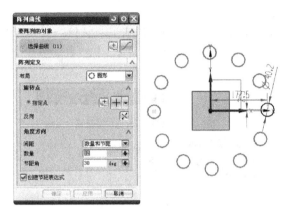

图 2-30　圆形阵列

3）常规阵列。

① 先利用"草图工具"工具条中的"画圆"和"画点"命令画一个圆和若干个点。

② 单击"草图工具"工具条中的图标 ⸬，弹出"阵列曲线"对话框。

③ "阵列曲线"对话框中的"阵列定义"选项组下的"布局"下拉列表中选"常规"。

④ 选择需阵列的曲线（小圆）。

⑤ 指定阵列的基准点（小圆的圆心）。

⑥ 对于阵列的位置点，依次选取事先画好的各点。

⑦ 单击"应用"或"确定"按钮，完成常规阵列，如图 2-31 所示。

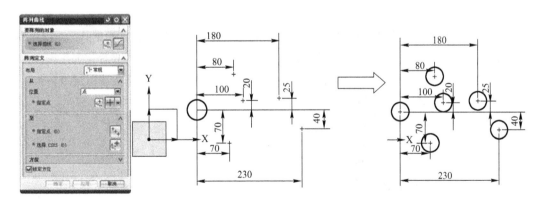

图 2-31　常规阵列

2. 草图的约束

草图约束就是通过设置约束方式，来限制草绘曲线在工作平面内的准确位置、方位、形状及大小，从而保证草绘曲线的准确性。利用草图约束工具可以对草图元素进行几何形状或基本尺寸的精确定位。可进行设置和约束、显示/不显示草图中的几何约束、显示/移除几何约束、转换/自参考对象操作。

（1）尺寸约束

草图的尺寸约束效果相当于对草图进行标注，但是除了可以根据草图的尺寸约束看出草图元素的长度、半径、角度以外，还可以利用草图各点处的尺寸约束对草图元素的大小、形状进行约束。

单击"草图工具"工具条图标　，弹出"尺寸"对话框，单击按钮　，打开"尺寸"对话框，如图 2-32 所示。

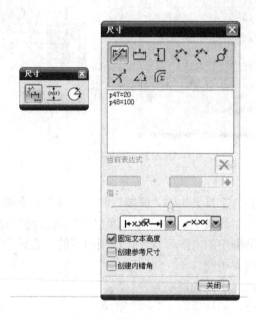

图 2-32 "尺寸"对话框

1）尺寸约束类型。

在"尺寸"对话框中提供了 9 种约束类型。当需要对草图对象进行尺寸约束时，直接单击所需尺寸类型按钮，即可进行相应的尺寸约束操作。对话框中的各种约束类型及作用如下。

　自动判断尺寸：根据鼠标指针的位置自动判断尺寸约束类型（该功能用得最多）。

　水平：约束 XC 方向数值。

　竖直：约束 YC 方向数值。

　平行：约束两点之间的距离。

　垂直：约束点与直线之间的距离。

　直径：约束圆或圆弧的直径。

　半径：约束圆或圆弧的半径。

　成角度：约束两条直线的夹角度数。

　周长：约束草绘曲线元素的总长。

2）尺寸表达式设置区。

该区的下拉列表框中列出了当前草图约束的表达式。利用下拉列表框下的文本框或滑块

52

可以对尺寸表达式中的参数进行设置，另外，还可以单击按钮✖，将下拉列表框中的表达式和草图中的约束删除。

3）尺寸表达式引出线和放置位置。

该功能用于设置尺寸标注的放置方法和引出线的放置位置。其中尺寸的标注包括"自动放置"、"手动放置且箭头在内"、"手动放置且箭头在外"3 种方法。指引线位置包括"从左侧指来"和"从右侧指来"两种。另外还可以通过启用文本框下的复选框，以执行相应的操作。

（2）几何约束

1）几何约束类型。

在"草图工具"工具条中单击图标↙，选取视图区需创建几何约束的对象后，即可进行有关的几何约束操作。

几何约束用于定位草图对象和确定草图对象之间的相互几何关系。在 UG 中，系统提供了 20 种几何约束类型。根据不同的草图对象，可添加不同的几何约束类型。几何约束的主要类型如下。

固定：将草图对象固定到当前所在的位置。一般在几何约束的开始，需要利用该约束固定一个元素作为整个草图的参考点。

完全固定：添加该约束后，所选取的草图对象将不再需要任何约束。

重合：定义两个或两个以上的点互相重合，这里的点可以是草图中的点对象，也可以是其他草图对象的关键点（端点、控制点、圆心等）。

同心：定义两个或两个以上的圆弧或椭圆弧的圆心相互重合。

共线：定义两条或多条直线共线。

中点：定义点在直线或圆弧的中点上。

水平：定义直线为水平，即与草图坐标系 *XC* 轴平行。

竖直：定义直线为竖线，即与草图坐标系 *YC* 轴平行。

平行：定义两条曲线相互平行。

垂直：定义两条曲线相互垂直。

相切：定义两个草图元素相切。

等长：定义两条或多条曲线等长。

等半径：定义两个或两个以上的圆弧或圆半径相等。

恒定长度：定义选取的曲线元素的长度是固定的。

恒定角度：定义一条或多条直线与坐标系的角度是固定的。

曲线的斜率：定义样条曲线过一点与一条曲线相切。

均匀比例：定义样条曲线的两个端点在移动时，保持样条曲线的形状不变。

非均匀比例：定义样条曲线的两个端点在移动时，样条曲线形状发生改变。

点在曲线上：定义选取的点在某条曲线上，该点可以是草图的点对象或其他草图元素的关键点（如端点、圆心）。

对称：定义对象间彼此成对称关系，该约束由"对称"命令产生。单击"草图工具"工具条图标🖤，弹出"设置对称"对话框，主对象选圆 1，次对象选圆 3，对称中心线选直线 3，结果如图 2-33 所示。

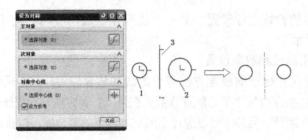

图 2-33 对称约束

2）添加几何约束。

几何约束的添加方法有两种：自动约束和手动约束。

① 自动约束。

自动约束是由系统对草图元素相互间的几何位置关系自动进行判断，并自动添加到草图对象上的约束方法。自动约束主要用于所需添加约束较多，并且已经确定位置关系的草图元素，或利用工具直接添加到草图中的几何元素。

Ⅰ单击"草图工具"工具条图标 ⤢，弹出"自动约束"对话框，如图 2-34 所示。

Ⅱ选取要约束的草图对象，并在"要应用的约束"选项组中启用所需约束的复选框。

Ⅲ在"设置"选项组中设置公差参数。

Ⅳ单击"确定"按钮，完成自动约束操作。

② 手动约束。

Ⅰ单击"草图工具"工具条图标 ⤢。

Ⅱ选取要约束的草图对象，弹出"约束"工具条，如图 2-35 所示。

Ⅲ选择所需约束类型，完成自动约束操作。

图 2-34 "自动约束"对话框

图 2-35 "约束"工具条

3）显示所有约束。

当草图中的约束过多时，单独观察一个或一部分约束往往不能清楚地发现草图中各元素

54

间的整体约束关系。此时，可以利用"显示所有约束"工具对其进行观察，单击"显示所有约束"图标 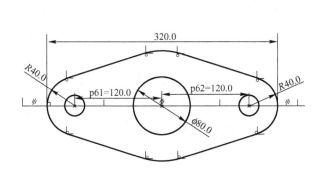，系统将同时显示草图所有约束，如图2-36所示。

4）显示或移除约束。

利用"显示／移除约束"工具可以显示与选定草图几何图形关联的几何约束，并移除选定的约束或列出信息。

在"草图工具"工具条中单击图标 ，弹出"显示／移除约束"对话框，如图2-37所示。

① 约束列表：利用3个单选按钮控制显示约束的对象类型。

② 约束类型：选择具体的约束类型显示。所有符合要求的约束将在"显示约束"列表框中显示出来。

③ 移除高亮显示的：选择一个或多个约束时，草图中相应的约束将高亮显示，单击该按钮，即可删除选定的约束。

④ 移除所列的：删除列表中所有的约束。

图2-36　显示所有约束

图2-37　"显示/移除约束"对话框

2.2.2　任务实施

1. 绘制垫板草图的思路

① 创建矩形并约束矩形尺寸宽度为240，高度为160；②创建4个R25的圆角并约束一个圆角半径值，然后4个圆角进行等半径几何约束；③左下角创建一个小圆并约束定位尺寸为42和35，定形尺寸为ϕ34；④对小圆进行线性阵列，水平方向数量为4，节距为52，竖直方向数量为3，节距为45；⑤创建直线（将象限点打开），分别捕捉中间两个小圆的上、下象限点画直线；⑥快速修剪，将中间两个小圆进行修剪。

2. 绘制垫板草图的操作步骤

（1）新建文件

在工具栏中，单击"新建"图标 ，创建一个文件名为"dianban.prt"的文件。

（2）进入草图任务环境

在主菜单选择"插入"→"任务环境中的草图"命令，弹出"创建草图"对话框，确定草图绘制平面（可以是默认的X-Y平面），单击对话框中"确定"按钮，就进入草图任务环境。

（3）绘制垫板草图

1）创建矩形并约束矩形尺寸宽度为 240，高度为 160。

① 单击"草图工具"工具条中的图标 □，用所给中心创建矩形。

② 单击"草图工具"工具条中尺寸约束中的"自动判断尺寸"图标 ⊨，输入约束矩形尺寸宽度为 240，高度为 160，如图 2-38 所示。

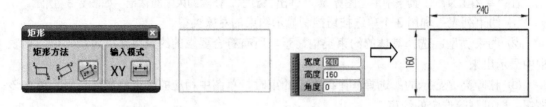

图 2-38　绘制矩形并约束尺寸

2）创建 4 个 R25 的圆角并约束一个圆角半径值，然后 4 个圆角进行等半径几何约束。

① 单击"草图工具"工具条中的"圆角"图标 ，创建 4 个圆角。

② 单击"草图工具"工具条中的图标尺寸约束中的"半径尺寸" ，约束一个圆角半径 R25 值，如图 2-39 所示。

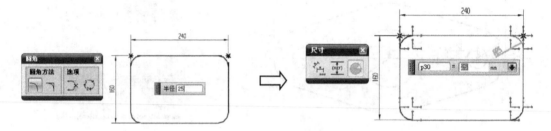

图 2-39　绘制圆角并约束半径 R25

③ 单击"草图工具"工具条中的图标 ，点选 4 个圆角进行等半径几何约束，如图 2-40 所示。

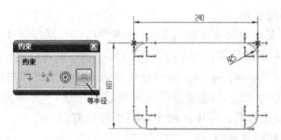

图 2-40　4 个圆角等半径几何约束

3）在左下角创建一个小圆并约束定位尺寸为 42 和 35，定形尺寸为 φ34。

① 单击"草图工具"工具条中的图标 ○，在左下角创建一个小圆；

② 单击"草图工具"工具条中的图标 ⊨，约束定位尺寸为 42 和 35，定形尺寸为 φ34，如图 2-41 所示。

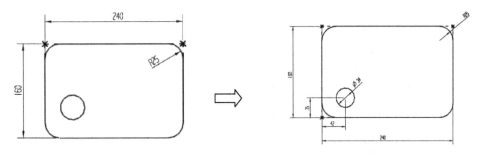

图 2-41　绘制小圆并约束定位尺寸

4）对小圆进行线性阵列，水平方向数量为4，节距为52，竖直方向数量为3，节距为45。

① 单击"草图工具"工具条中的图标 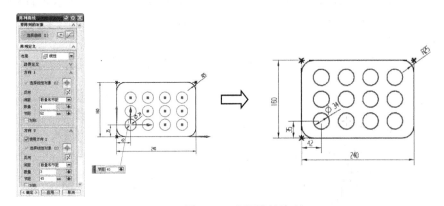，弹出"阵列曲线"对话框。

② 要阵列的对象选小圆，布局选"线性"阵列，方向 1 选矩形下水平线（根据箭头判断是否反向），数量为"4"，节距为"52"，方向 2 选矩形左竖直线，数量为"3"，节距为"45"。

③ 单击"应用"或"确定"按钮，结果如图 2-42 所示。

图 2-42　小圆线性阵列

5）创建直线。单击"草图工具"工具条中的图标 （将象限点打开），分别捕捉中间两个小圆的上、下象限点画两条直线，如图 2-43 所示。

6）快速修剪。单击"草图工具"工具条中的图标 ，弹出"快速修剪"对话框，将中间两个小圆进行修剪，如图 2-44 所示。

图 2-43　绘制直线　　　　　　　　　　图 2-44　快速修剪

7）单击"草图工具"工具条中的图标 ，完成草图绘制，单击工具栏中的图标 ，保存该草图，如图 2-45 所示。

57

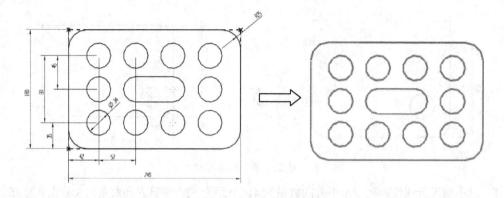

图 2-45　完成垫板草图绘制

2.2.3　任务拓展（机箱后盖草图的绘制）

完成如图 2-46 所示机箱后盖草图的绘制。通过该实例的草图绘制主要掌握的命令有：矩形、圆、圆角、偏置曲线、直线、线性阵列、圆形阵列、尺寸约束和几何约束。

1．绘制草图思路

①绘制外轮廓及 4 个小孔；②绘制 4 个扇形槽；③绘制 10 个长槽内孔。

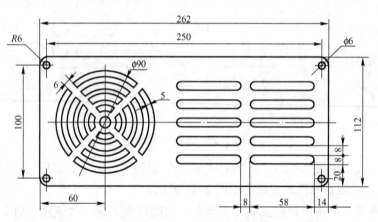

图 2-46　机箱后盖零件图

2．绘制步骤（见表 2-1）

表 2-1　机箱后盖草图绘制

步　骤	绘　制　方　法	绘制结果图例
1．绘制外轮廓及 4 个小孔	（1）画矩形，并约束尺寸宽度为 262，高度为 112； （2）倒圆角，并约束圆角半径 *R*6，几何约束等半径； （3）画 4 个 φ6 的小圆，并约束直径 φ6，与圆弧同心，几何约束等半径	

步　　骤	绘 制 方 法	绘制结果图例
2．绘制 4 个扇形槽	（1）画大圆，并约束定位尺寸为 60、56，定形尺寸为 $\phi 90$； （2）画两条斜线，并约束角度为 45°、90°； （3）派生直线，距离为 3； （4）快速修剪； （5）偏置曲线，圆弧偏置距离为 5，副本为 7，并画 $\phi 10$ 的小圆； （6）快速修剪； （7）阵列曲线，将扇形弧槽圆形阵列，旋转点为 $\phi 10$ 圆的圆心，数量为 4，节距角为 90°	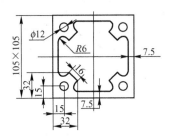
3．绘制 10 个长槽内孔	（1）先在右下角画一个长槽，并约束尺寸； （2）阵列曲线，将长槽线性阵列，水平方向数量为 2，节距为 66，竖直方向数量为 5，节距为 16	

2.2.4　任务实践

1．完成图 2-47 所示的卡板轮廓的二维草图绘制。

图 2-47　卡板轮廓

2．完成图 2-48 所示的旋轮轮廓的二维草图绘制。

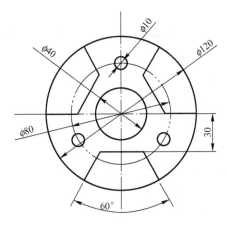

图 2-48　旋轮轮廓

2.3 任务 2 凸凹模轮廓草图的绘制

【学习目标】

1. 掌握轮廓线、圆弧草图创建命令的应用与操作方法。

2. 掌握曲线偏置、快速修剪、制作拐角、转换至自参考对象草图编辑命令的应用与操作方法。

3. 掌握各种尺寸约束和几何约束命令的应用与操作方法。

【学习重点】

综合运用各种命令绘制凸凹模轮廓的二维草图。

【学习难点】

掌握凸凹模轮廓的草图绘制的技巧。

凸凹模轮廓如图 2-49 所示。通过该实例的草图绘制主要掌握的命令有：轮廓线、圆、圆弧、偏置曲线、快速修剪、制作拐角、转换至自参考对象、尺寸约束和几何约束。

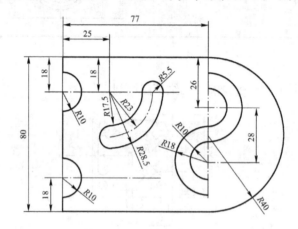

图 2-49 凸凹模轮廓零件图

2.3.1 知识链接

1. 轮廓线草图的绘制

轮廓线工具用于创建一系列连续的直线和圆弧，而且前一条曲线的终点将变为下一条曲线的起点。

在"草图工具"工具条中单击图标⌣，打开"轮廓"对话框。绘图过程中，可以在直线和圆弧之间切换，如图 2-50 所示。

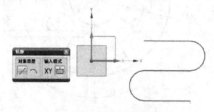

图 2-50 轮廓线草图绘制

2. 圆弧草图的绘制

在"草图工具"工具条中单击图标 ，打开"圆弧"对话框。同样，创建圆弧轮廓主要有"指定圆弧中心与端点"和"指定三点"两种方法。如图 2-51 所示。

（1）三点定圆弧

① 在"圆弧"对话框中单击图标 ；②依次拾取起点、终点和圆弧上一点，或拾取两个点和输入直径，完成圆弧的创建，如图 2-51a 所示。

（2）指定中心和端点定圆弧

① 单击"圆弧"对话框中图标 ；②依次指定圆心、端点和扫掠角度，完成圆弧绘制，如图 2-51b 所示。

另外，还可以通过在文本框中输入半径数值来确定圆弧的大小。

图 2-51　圆弧草图绘制

a) 三点定圆弧　b) 指定中心和端点定圆弧

3. 转换至/自参考对象

转换至/自参考对象是将某个草图中的曲线转成参考线，草图转成参考线后，不参与实体特征造型。

1）在"草图工具"工具条中，单击图标 ，弹出"转换至/自参考对象"对话框。

2）点选直线。

3）单击"应用"或"确定"按钮，直线被转成参考线，得到如图 2-52 所示的结果。

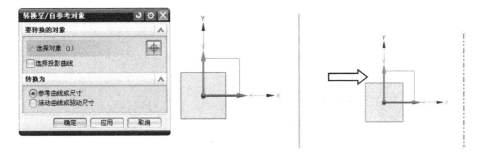

图 2-52　转换至参考线

2.3.2　任务实施

1. 绘制垫板草图的思路

①绘制外轮廓；②绘制圆弧槽；③绘制 S 形弧槽；④将 R23 的圆弧转至参考线。

2．绘制凸凹模轮廓草图的操作步骤

（1）新建文件

在工具栏中，单击"新建"图标 ⬜，创建一个文件名为 "tuaomulunkuo.prt" 的文件。

（2）进入草图任务环境

在主菜单选择"插入"→"任务环境中的草图"，弹出"创建草图"对话框，确定草图绘制平面（可以是默认的 X-Y 平面），单击对话框中的"确定"按钮，就进入草图任务环境。

（3）绘制垫板草图

1）创建外轮廓（如图 2-53 所示）。

① 单击"草图工具"工具条中的图标 ⌣，通过直线与圆弧的转换创建外轮廓，并约束尺寸为 77、80；几何约束圆弧与直线相切。如图 2-53a 所示。

② 创建两个 R10 的圆并约束直径值为 ϕ20，约束定位尺寸为 18，如图 2-53b 所示。

③ 快速修剪，得到如图 2-53c 所示结果。

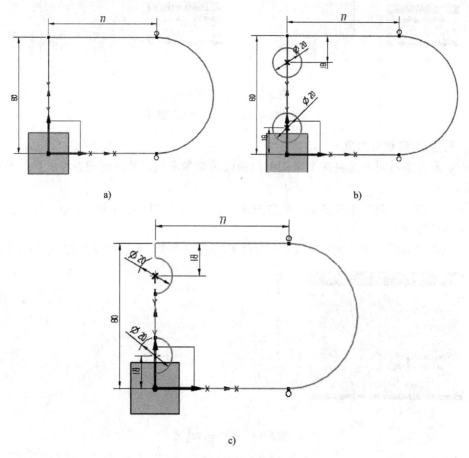

图 2-53　创建垫板外轮廓

2）绘制圆弧槽。

① 单击"草图工具"工具条中的图标 ⟍，利用给定中心画圆弧创建 R23，并约束圆弧定位尺寸为 25 和 18，定形尺寸为 ϕ23。得到如图 2-54 所示的结果。

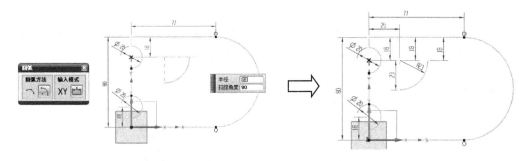

图 2-54 创建 R23

② 单击"草图工具"工具条中的图标 ⬚，选择 R23 圆弧进行对称偏置，偏置值为 5.5，结果如图 2-55 所示。

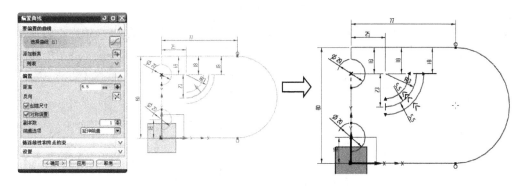

图 2-55 对称偏置

③ 通过画圆弧命令，画弧形槽两端的圆弧（利用给定中心画弧），形成圆弧槽。得到如图 2-56 所示结果。

④ 通过画圆弧命令，画 R10 和 R18 的圆弧（利用给定中心画弧），并约束圆弧定位尺寸为 26 和 28，定形尺寸为 R10 和 R18。得到如图 2-57 所示结果。

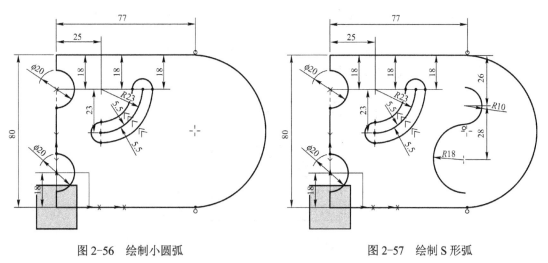

图 2-56　绘制小圆弧　　　　　　　　图 2-57　绘制 S 形弧

3）绘制 S 形弧槽

单击"草图工具"工具条中的图标 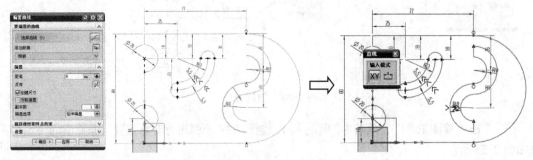，选择 R10 和 R18 圆弧进行偏置，偏置值为8，并利用"直线"命令对 S 形弧槽两端封闭。结果如图 2-58 所示。

图 2-58　绘制 S 形弧槽

4）将 R23 的圆弧转至参考线。单击"草图工具"工具条中的图标，弹出"转换至/自参考对象"对话框，点选 R23 圆弧，单击对话框的"确定"按钮，结果如图 2-59 所示。

5）单击"草图工具"工具条中的图标，完成草图绘制，单击工具栏中的图标，保存该草图，完成凸凹模草图轮廓的绘制。如图 2-60 所示。

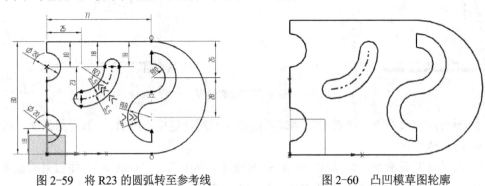

图 2-59　将 R23 的圆弧转至参考线　　　　图 2-60　凸凹模草图轮廓

2.3.3　任务拓展（垫片轮廓草图的绘制）

完成如图 2-61 所示的垫片轮廓草图的绘制。通过该实例的草图绘制主要掌握的命令有：轮廓线、圆弧、偏置曲线、转换至/自参考对象、尺寸约束和几何约束。

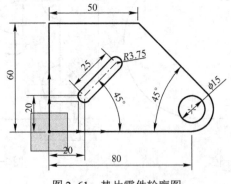

图 2-61　垫片零件轮廓图

1. 绘制草图思路

①绘制外轮廓；②绘制圆；③绘制斜槽。

2. 绘制步骤（见表 2-2）

表 2-2 垫片草图绘制步骤

步　骤	绘　制　方　法	绘制结果图例
1. 绘制外轮廓	（1）单击"草图工具"中的图标⌐，通过直线与圆弧的转换创建外轮廓； （2）约束尺寸为 80、60、50、45°，几何约束直线水平、竖直和圆弧与直线相切	50, 60, 45°, 80
2. 画小圆	（1）画小圆； （2）约束直径为φ15，几何约束与外圆弧同心	50, 60, 45°, φ15, 80
3. 绘制斜长槽	（1）绘制槽中间斜线，并约束尺寸长为 20，角度为 45°； （2）偏置曲线；将中间斜线对称偏置 3.75； （3）画圆弧，给定中心画弧，将斜槽两端封闭； （4）将斜槽中间斜线转成参考线	50, 20, 3.75, 45°, 60, 45°, φ15, 20, 80

2.3.4　任务实践

1. 完成图 2-62 吊钩轮廓的二维草图绘制。

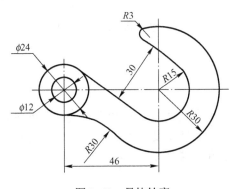

图 2-62　吊钩轮廓

2. 完成图 2-63 所示的样板轮廓的二维草图的绘制。

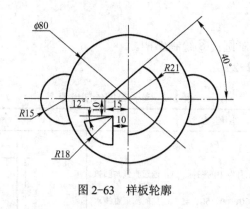

图 2-63　样板轮廓

2.4　任务 3　纺锤形垫片草图的绘制

【学习目标】

1. 掌握直线、圆弧、圆、椭圆、多边形草图创建命令的应用与操作方法。
2. 掌握制作拐角、快速修剪、快速延伸草图编辑命令的应用与操作方法。
3. 掌握各种尺寸约束和几何约束命令的应用与操作方法。

【学习重点】

综合运用各种命令绘制纺锤形垫片的二维草图。

【学习难点】

掌握纺锤形垫片的草图绘制的技巧。

如图 2-64 所示的纺锤形垫片，通过该实例的草图绘制主要掌握的命令有：直线、圆、圆弧、圆角、椭圆、尺寸约束和几何约束。

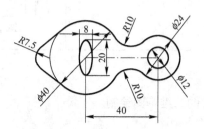

图 2-64　纺锤形垫片零件轮廓图

2.4.1　知识链接

1. 多边形的草图绘制

在"草图工具"工具条中单击图标 ⬡ ，打开"多边形"对话框。创建多边形主要有"指定中心点、边数、内切圆半径和旋转角度"、"指定中心点、边数、外接圆半径和旋转角度"和"指定中心点、边数、边长和旋转角度" 3 种方法。以正六边形为例介绍创建多边形的方法，如图 2-65 所示。

（1）内切圆半径

①指定多边形的中心点位置；②输入多边形边数；③大小选择内切圆半径，然后输入内

切圆半径的大小及多边形的旋转角度或输入多边形的边的中点坐标，按〈Enter〉键完成内切圆半径多边形的绘制，如图 2-65a 所示。

（2）外接圆半径

①指定多边形的中心点位置；②输入多边形边数；③大小选择外接圆半径，然后输入外接圆半径的大小及多边形的旋转角度或输入多边形的角点坐标，按〈Enter〉键完成外接圆半径多边形的绘制，如图 2-65b 所示。

（3）边长

①指定多边形的中心点位置；②输入多边形边数；③大小选择指定边长，然后输入边长的大小及多边形的旋转角度或输入多边形的角点坐标，按〈Enter〉键完成给定边长多边形的绘制，如图 2-65c 所示。

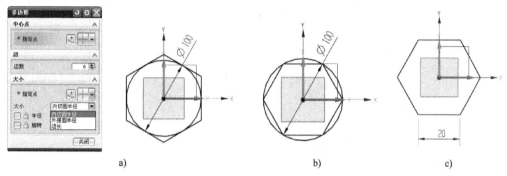

图 2-65　创建多边形

a) 指定内切圆半径绘制多边形　b) 指定外接圆半径绘制多边形　c) 指定边长绘制多边形

2. 椭圆和椭圆弧的草图绘制

（1）椭圆

在"草图工具"工具条中单击图标⊙，打开"椭圆"对话框。可以指定椭圆中心点、椭圆的大半径、椭圆的小半径和椭圆的旋转角度，在"限制"选项组中勾选"封闭的"复选框。按〈Enter〉键完成椭圆的绘制，如图 2-66 所示。

（2）椭圆弧

在"草图工具"工具条中单击图标⊙，打开"椭圆"对话框。可以指定椭圆中心点、椭圆的大半径、椭圆的小半径和椭圆的旋转角度，在"限制"选项组中不勾选"封闭"复选框，输入椭圆的起始角和终止角。按〈Enter〉键完成椭圆弧的绘制，如图 2-67 所示。

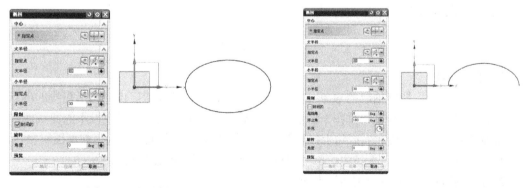

图 2-66　创建椭圆　　　　　　　　　　　　　图 2-67　创建椭圆弧

3．镜像曲线

镜像曲线是指将草图几何对象以指定的一条直线为对称中心线，镜像复制成新的草图对象。镜像的对象与原对象形成一个整体，并且保持相关性。

1）单击"草图工具"工具条中的图标 ，弹出"镜像曲线"对话框。

2）选择镜像中心线和需要镜像的草图对象。

3）单击"应用"或"确定"按钮，完成镜像复制，如图2-68所示。

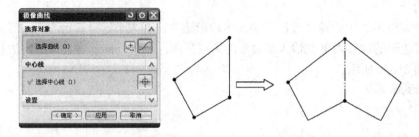

图2-68　镜像曲线

4．添加现有的曲线

该功能用于将已有的不属于草图对象的点或曲线，添加到当前的草图平面中，使它们由没有参数的要素转变为有参数的要素。

1）在建模环境下通过"曲线"工具条中的"矩形"命令画一个矩形。

2）进入草图环境，在"草图工具"工具条中单击图标 ，弹出"添加曲线"对话框，点选矩形，单击"确定"按钮。得到如图2-69所示带参数的矩形。

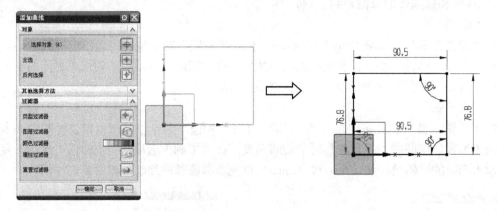

图2-69　添加现有曲线

5．投影曲线

投影曲线是指将能够抽取的对象（关联和非关联曲线、点或捕捉点，包括直线的端点以及圆弧和圆的中心）沿垂直于草图平面的方向投影到草图平面上。选择要投影的曲线或点，系统将曲线从选定的曲线、面或边上投影到草图平面或实体曲面上，成为当前草图对象。

1）在"草图工具"工具条中，单击图标 ，弹出"投影曲线"对话框。

2）点选圆柱和五棱柱的实体边界线。

3）单击"应用"或"确定"按钮，在草图平面得到如图 2-70 所示的草图。

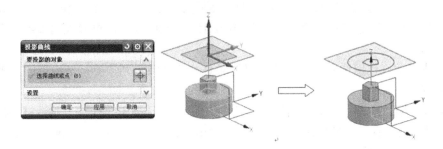

图 2-70　投影曲线

2.4.2　任务实施

1．绘制纺锤形垫片草图的思路

①创建外轮廓及 ϕ12 圆孔；②绘制椭圆。

2．绘制纺锤形垫片的草图的操作步骤

（1）新建文件

在工具栏中，单击"新建"图标 ，创建一个文件名为"fangchuixing dianpian. prt"的文件。

（2）进入草图任务环境

在主菜单选择"插入"→"任务环境中的草图"，弹出"创建草图"对话框，确定草图绘制平面（可以是默认的 X-Y 平面），单击对话框中的"确定"按钮，就进入草图任务环境。

（3）绘制纺锤形垫片草图的操作步骤

1）创建外轮廓及 ϕ12 圆孔（如图 2-71 所示）。

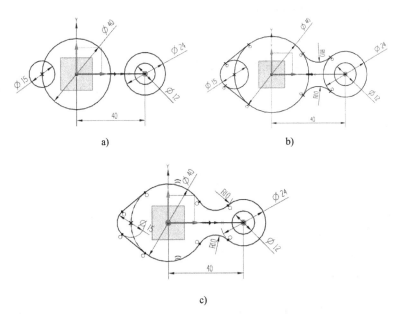

图 2-71　创建外轮廓及 ϕ12 圆孔

① 画直线并约束水平，约束长度为 40，在水平直线的两个端点分别画圆，并约束尺寸为 $\phi 12$、$\phi 24$、$\phi 40$，以 $\phi 40$ 圆的左象限点为圆心画圆并约束尺寸 $\phi 15$，如图 2-71a 所示。

② 画两条直线和过渡弧，两直线约束与圆 $\phi 15$ 和 $\phi 40$ 相切，过渡弧约束半径为 $R10$，如图 2-71b 所示。

③ 快速修剪，使用边界修剪方法，以两条直线和过渡弧为边界，把内部的圆弧裁掉，如图 2-71c 所示。

2）绘制椭圆。单击"草图工具"工具条中的图标 ，弹出"椭圆"对话框，椭圆中心点选 $\phi 40$ 圆的圆心点，大半径为 4，小半径为 10，起始角为 0°，终止角为 360°，单击"确定"按钮，结果如图 2-72 所示，完成草图绘制。

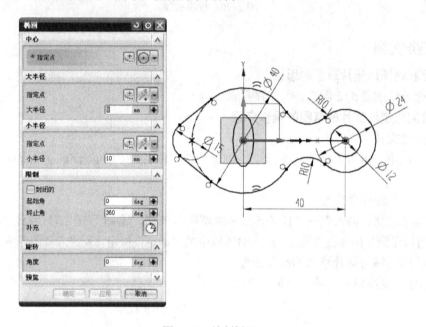

图 2-72　绘制椭圆

3）将水平直线转至参考线。如图 2-73 所示。

4）单击"草图工具"工具条图标 ，完成纺锤形垫片草图绘制，单击工具栏中的图标 ，保存该草图，如图 2-74 所示。

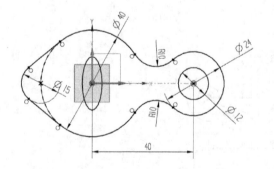

图 2-73　水平直线转至参考线

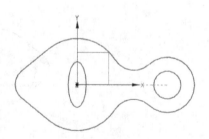

图 2-74　纺锤形垫片轮廓

2.4.3 任务拓展（卡板零件轮廓草图的绘制）

完成如图 2-75 所示的卡板零件轮廓草图的绘制。通过该实例的草图绘制主要掌握的命令有：轮廓线、圆、多边形、直线、圆角、线性阵列、尺寸约束和几何约束。

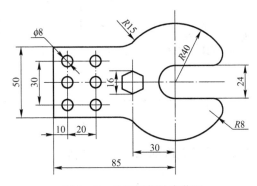

图 2-75　卡板零件轮廓草图

1．绘制草图思路

①绘制外轮廓（圆及直线）；②绘制六边形；③绘制 6 个内孔。

2．绘制步骤（见表 2-3）

表 2-3　卡板零件轮廓草图绘制步骤

步　　骤	绘　制　方　法	绘制结果图例
1．绘制外轮廓	（1）首先画水平线并约束尺寸为 30，然后以直线的右端点为圆心画两个同心圆并约束尺寸为ϕ24、ϕ80； （2）通过"轮廓"命令画直线，并约束尺寸为 85、50、25； （3）快速修剪，倒圆角 R15、R8，并作对称编辑	
2．绘制正六边形	（1）单击"草图工具"工具条中的图标⊙，弹出"多边形"对话框； （2）在"多边形"对话框中，中心点要点选长为 30 的水平线的左端点，边数输入"6"，大小选"外接圆半径"，半径输入"8"，旋转角输入"90°"，按〈Enter〉键	
3．绘制 6 个ϕ8 的孔	（1）在轮廓内的左下角画小圆，并约束水平和竖直定位尺寸为 10，定形尺寸为ϕ8； （2）对ϕ8 的小圆进行线性阵列，水平方向数量为 2，节距为 20，竖直方向数量为 3，节距为 15	

71

步　骤	绘 制 方 法	绘制结果图例
4. 将水平直线转至参考线	（1）单击"草图工具"工具条中的图标，弹出"转换至/自参考对象"对话框，点选水平直线； （2）单击"转换至/自参考对象"对话框的"确定"按钮	

2.4.4 任务实践

1. 完成图 2-76 所示的叉类零件轮廓的二维草图绘制。

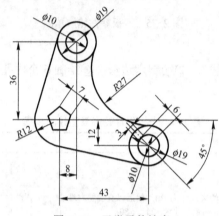

图 2-76　叉类零件轮廓

2. 完成图 2-77 所示的挂钩轮廓的二维草图绘制。

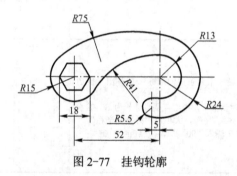

图 2-77　挂钩轮廓

项目小结

本项目通过知识链接和任务实践深入浅出地介绍了 UG NX 软件二维草绘功能和操作知识。通过本项目的学习，能够掌握草图绘制的步骤及草图工作平面的选用方法，可以熟练使用"草图工具"工具条中的轮廓线、直线、圆、圆弧、矩形、多边形、椭圆等草图创建命令，倒圆角、倒斜角、制作拐角、快速修剪、快速延伸等草图编辑命令，曲线偏置、派生直线、阵列曲线、镜像曲线、添加现有曲线、曲线投影等曲线操作命令，掌握编辑图形、标注尺寸、几何约束和草图诊断等知识。在任务实践方面，应注重通过范例来体会二维图形的制作思路和步骤，学会举一反三。学习好二维草绘，对学习好三维建模会起到事半功倍的效果。

项目考核

一、填空题

1．利用"_____"命令，可以将两条曲线之间尖角连接。长的部分自动裁掉，短的部分自动延伸。

2．利用"倒斜角"命令，可以在两条曲线之间倒斜角，包括_____、_____、_____3 种方法。

3．利用"_____"命令，可以在两条或三条曲线之间倒圆角，包括_____、_____、_____3 种方法。

4．利用"快速修剪"命令，可以以任意方向将曲线修剪至最近的交点或选定的边界，主要有_____、_____、_____3 种修剪方法。

5．_____将草图元素延伸到另一临近曲线或选定的边界线处。

6．_____是指将草图几何对象以指定的一条直线为对称中心线，镜像复制成新的草图对象。镜像的对象与_____形成一个整体，并且保持相关性。

7．阵列曲线是指将草图几何对象以某一规律_____草图对象。

8．_____是将某个草图中的曲线转成参考线，草图转成参考线后，不参与实体特征造型。

9．_____就是设置约束方式限制草绘曲线在工作平面内的准确位置，从而保证草绘曲线的准确性。

二、选择题

1．_____用于将已有的不属于草图对象的点或曲线，添加到当前的草图平面中，由没有参数的要素转变为有参数的要素。

　　　A．添加现有的曲线　　B．镜像曲线　　　C．投影曲线　　　D．编辑曲线

2．_____是指对草图平面内的曲线或曲线链进行偏置，并对偏置生成的曲线与原曲线进行约束。偏置曲线与原曲线具有关联性，即对原曲线进行的编辑修改，所偏置的曲线也会自动更新。

　　　A．镜像曲线　　　　　B．曲线偏置　　　C．投影曲线　　　D．编辑曲线

3．_____用于定位草图对象和确定草图对象之间的相互几何关系。

　　　A．尺寸约束　　　　　B．尺寸标注　　　C．几何约束　　　D．曲线偏置

4．_____是由系统对草图元素相互间的几何位置关系自动进行判断，并自动添加到草图对象上的约束方法。

　　　A．尺寸约束　　　　　B．显示/移除约束　C．手动约束　　　D．自动约束

5．_____方法可以绘制出一条曲线链，然后将与曲线链相交的曲线部分全部修剪。

　　　A．边界修剪　　　　　B．统一修剪　　　C．单独修剪　　　D．按〈Delete〉键修剪

三、判断题（错误的打×，正确的打√）

1．草图必须在草图工作平面上绘制，对草图移动、旋转等编辑，只能在平面内进行，不能在三维空间进行。（　　　）

2．草图尺寸约束中的自动判断，只能约束线性尺寸，不能约束角度尺寸。（　　　）

3．要想修改已经完成的草图，其方法是双击该草图或在部件导航器中选中该草图，然后在右键快捷菜单中选"编辑"或"可回滚编辑"，即可以对该草图进行编辑。（　　　）

4．利用"制作拐角"命令可以连接两条曲线之间的尖角。长的部分自动裁掉，短的部分不能自动延伸。（　　　）

5．曲线投影可以将所有的二维曲线、实体或片体边界，沿草图工作平面的法线方向进行投影而成为草图。（　　　）

四、问答题

1．什么是草图？如何进入草图任务环境？通过哪些方法可以绘制草图？

2．简述绘制草图的步骤。

3．草图工作平面创建方法有哪几种？

4．派生直线有哪几种用途？

5．草图约束在绘制草图中起什么作用？

五、完成下列草图的绘制

1．完成图 2-78 所示的样板轮廓草图的绘制。

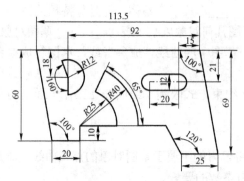

图 2-78　样板轮廓

2．完成图 2-79 所示的转柄轮廓草图的绘制。

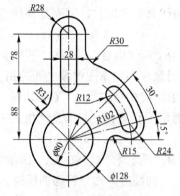

图 2-79　转柄轮廓

3．完成图 2-80 所示的卡板轮廓草图的绘制。

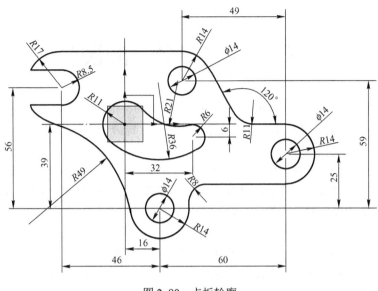

图 2-80　卡板轮廓

项目3 实 体 建 模

实体建模是 UG NX 8.0 的基础和核心，主要包括特征建模、同步建模和特征编辑等工具。UG NX 8.0 实体建模的参数化设计具有操作简单、编辑和修改方便的特点。

【能力目标】

1. 掌握实体及特征建模的方法与技巧。
2. 熟练使用实体及特征建模各种命令及布尔运算完成典型零件的造型。
3. 掌握基准特征的创建方法，通过基准特征的创建完成较复杂零件的造型。

【知识目标】

1. 基本体素（长方体、圆柱体、圆锥体、球体）的创建方法、布尔运算方法及综合应用。
2. 基准特征（基准平面、基准轴、基准坐标系、基准点）的创建方法及应用。
3. 扫描特征（拉伸、旋转、扫掠、管道）的创建方法及应用。
4. 成形特征（孔、凸台、垫块、腔体、键槽、沟槽、螺纹等）的创建方法及应用。
5. 细节特征（倒圆角、倒斜角、拔模等）的创建方法及应用。
6. 关联复制（阵列、镜像特征、镜像体、抽取体等）的创建方法及应用。
7. 修剪（修剪体、拆分体等）的创建方法及应用。
8. 偏置/缩放（抽壳、加厚、缩放体等）的创建方法及应用。
9. 同步建模（移动面、拉出面、替换面等）的创建方法及应用。
10. 特征编辑（编辑特征参数、可回滚编辑、编辑定位等）的创建方法及应用。

【知识链接】

3.1 实体建模基础知识

3.1.1 建模界面

UG NX 8.0 实体建模界面如图 3-1 所示。

图 3-1 建模界面及特征建模常用工具栏

3.1.2 特征建模工具栏常用命令

UG NX 8.0 特征建模工具栏常用命令如图 3-2 所示。

图 3-2　特征建模工具栏常用命令

3.1.3 实体建模的步骤

1）新建一个模型文件，进入建模环境。

2）创建草图二维轮廓或直接利用曲线工具栏创建二维轮廓。

3）利用特征建模工具栏中的各种命令创建三维实体。

4）保存文件并退出。

3.1.4 基准特征种类及创建方法

1．基准特征的种类

在 UG NX 的使用过程中，经常会遇到需要指定基准特征的情况。例如，在圆柱面上生成键槽时，需要指出平面作为键槽放置面，此时，需要建立基准平面；在建立特征的辅助轴线或参考方向时也需要建立基准轴；有的情况下还需要建立基准坐标系。基准特征的种类有：基准平面、基准轴和基准坐标系、基准点。

2．基准特征的创建方法

（1）基准平面

单击主菜单"插入"→"基准/点"→"基准平面"选项或单击工具栏"基准平面"图标，弹出"基准平面"对话框，如图 3-3 所示。利用该对话框可以建立基准平面。在"类型"下拉列表中可以选择基准平面的创建方法。各种创建方法介绍如下。

图 3-3　"基准平面"对话框

下面介绍几种常用的基准面的创建方法。

1）自动判断。自动判断方式创建基准平面包括：选定一个点、两个点、三个点和一个平面4种方式。如图3-4所示。

① 选定一个点方式：可以选择实体上的某一点或曲线上的某一点或利用点构造器创建一个点，通过上述点可创建一个过此点的基准平面。如图3-4a所示。

② 选定两个点方式：可以选择实体上的某两点或曲线上的某两点或利用点构造器创建两个点，若选择两个点来定义基准平面，则该基准平面处于这两点的连线且通过第一个点的法线方向创建一个基准平面。如图3-4b所示。

③ 选定三个点方式：可以选择实体上的某三点或曲线上的某三点或利用点构造器创建三个点，通过上述三点可创建一个过此三点的基准平面。如图3-4c所示。

④ 选定平面方式：可以选择实体上的某一平面或已有的基准平面创建与该平面平行的一系列基准平面。如图3-4d所示。

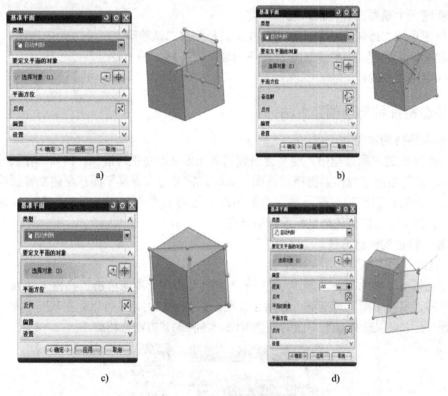

图3-4　自动判断创建基准面

a) 选定一个点方式　b) 选定两个点方式　c) 选定三个点方式　d) 选定平面方式

2）按某一距离。选择一个平面或基准平面并输入偏置值，则会建立一个基准平面。该平面与参考平面的距离为所设置的偏置值，如图3-5所示。

3）成一角度。选择一个平面或基准平面，再选择一条直线或轴，则会建立一个"成一角度"基准平面。该平面与参考平面的夹角为所设置的角度值，如图3-6所示。

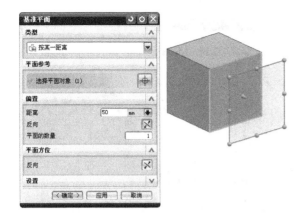

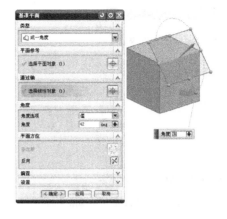

图 3-5　按某一距离创建基准平面　　　　　　　图 3-6　成某一角度创建基准平面

4）二等分。选择两个平行的平面或基准面，系统会在所选的平面之间创建基准平面。创建的基准平面与所选的两个平面的距离相等，即两个选定面的平分面。如图 3-7 所示。

5）曲线和点。通过选择一个点和一条曲线或者一个点来定义基准平面。若选择一个点和一条曲线，则当点在曲线上时，该基准平面通过该点且垂直于曲线在该点处的切线方向；当点不在曲线上时，则该基准平面通过该点和该条曲线。若选择两个点来定义基准平面，则该基准平面处于该两点的连线且通过第一个点。如图 3-8 所示为曲线和点方式创建基准平面。

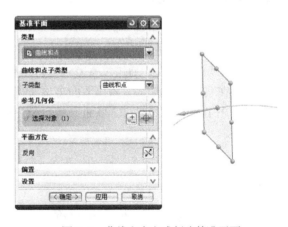

图 3-7　二等分创建基准平面　　　　　　　　图 3-8　曲线和点方式创建基准平面

6）两直线。通过选择两条直线来创建基准平面，该平面通过这两条直线或者通过其中一条直线和与该条直线平行的直线，如图 3-9 所示。

7）相切。通过选择一个圆锥体或圆柱体来创建基准平面，该基准平面与圆锥体或圆柱体表面相切，如图 3-10 所示。

8）通过对象。通过选择一条直线、曲线或者一个平面来创建基准平面，该平面垂直于所选直线，或通过所选的曲线或平面，如图 3-11 所示。

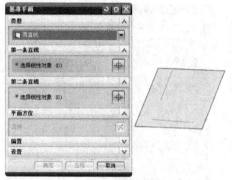
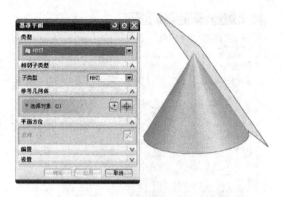

图 3-9　两直线创建基准平面　　　　　　图 3-10　相切创建基准平面

9）点和方向。通过选择一个参考点和一个参考矢量，建立通过该点而垂直于所选矢量的基准平面，如图 3-12 所示。

图 3-11　通过对象创建基准平面　　　　　图 3-12　点和方向创建基准平面

10）在曲线上。通过选择一条参考曲线创建基准平面，该基准平面垂直于该曲线某点处的切线矢量或法向矢量。通过位置方式选择来确定该基准平面的位置，如图 3-13 所示。

11）*XC-ZC* 平面。*XC-ZC* 平面方式是将 *XC-ZC* 平面偏置某一距离来创建基准平面，如图 3-14 所示。*YC-ZC* 平面方式、*YC-XC* 平面方式与 *XC-ZC* 平面方式类似，这里不再赘述。

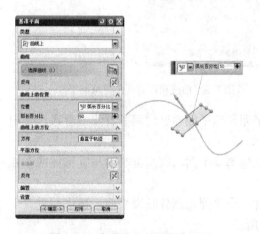
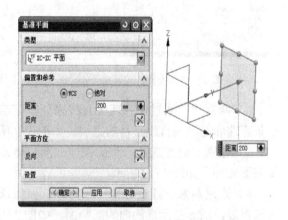

图 3-13　在曲线上创建基准平面　　　　　图 3-14　*XC-ZC* 平面创建基准平面

如果要对某一个基准平面进行编辑，则可在要编辑的基准平面上双击鼠标左键，此时会弹出"基准平面"对话框，并进入编辑状态。用户只需修改该对话框中的参数，然后单击"确定"按钮即可完成编辑操作。

（2）基准轴

基准轴可用于旋转中心、镜像中心，也可用于指定拉伸体和基准平面的方向。创建基准轴的方法与创建基准平面的方法大致相同。

单击主菜单"插入"→"基准/点"→"基准轴"选项或单击"基准轴"图标，可弹出如图3-15所示的"基准轴"对话框。其中"类型"下拉列表中各主要选项的含义如下。

图3-15 "基准轴"对话框

1）自动判断。系统根据所选对象选择可用的约束，通过自动判断生成基准轴。①选择一条已存在的直线，单击"确定"按钮，则创建的基准轴与该直线重合；②选择或构造一个点，再选择一条直线单击"确定"按钮，则创建的基准轴通过该点且平行于该直线；③选择或构造两个点，则所创建的基准轴通过这两个点；④选择圆柱或圆锥表面，则所创建的基准轴通过圆柱或圆锥的轴线。如图3-16所示。

2）交点。通过选择两个平面来创建基准轴，所创建的基准轴与这两个平面的交线重合，如图3-17所示。

图3-16 自动判断创建基准轴

图3-17 交点创建基准轴

3）曲线/面轴。通过选择一条直线或面的边来创建基准轴，所创建的基准轴与该直线或面的边重合，如图 3-18 所示。

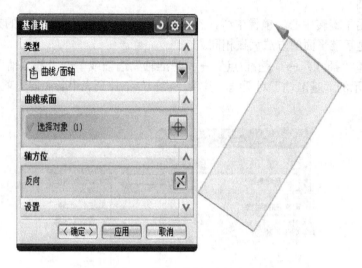

图 3-18　曲线/面轴创建基准轴

4）曲线上矢量。通过选择一条曲线为参照，同时，选择曲线上的起点来定义基准轴，该起点的位置可以通过圆弧长度来改变，所创建的基准轴与所选曲线相切或垂直，如图 3-19 所示。

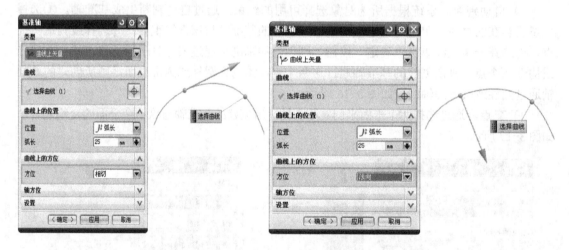

图 3-19　曲线上矢量创建基准轴

5）XC 轴。创建的基准轴与 XC 轴重合，如图 3-20 所示。同理创建的基准轴与 YC 轴重合；创建的基准轴与 ZC 轴重合。

6）点和方向。通过选择一个参考点和一个参考矢量，建立通过该点且平行或垂直于所选矢量的基准轴，如图 3-21 所示，矢量方向选择的是 Z 轴正方向。

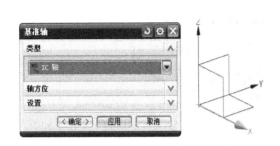

图 3-20　*XC* 轴创建基准轴

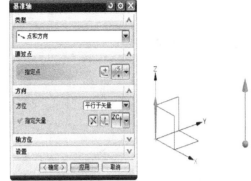

图 3-21　点和方向创建基准轴

7）两点。通过选择两点方式来定义基准轴，选择时可以利用"点构造器"对话框来帮助进行选择。指定的第一点为基准轴的定点，第一点到第二点的方向为基准轴的方向，如图 3-22 所示。

（3）基准坐标系

基准坐标系就是在视图中创建一个类似于原点坐标系的新坐标系，该坐标系同样有矢量方向等性质。

单击主菜单"插入"→"基准/点"→"基准 CSYS"选项或单击"基准 CSYS"图标 ，弹出如图 3-23 所示的"基准 CSYS"对话框。在"类型"下拉列表中的各主要选项的含义如下。

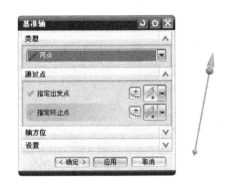

图 3-22　两点创建基准轴

图 3-23　"基准 CSYS"对话框

1）动态。利用拖动球形手柄来旋转坐标系，拖动方形手柄来移动坐标系。也可以通过直接输入 *X*、*Y*、*Z* 方向上要移动的距离来移动坐标系，如图 3-24 所示。

2）自动判断。根据用户选择的对象和输入的分量参数自动判断一种方法来创建一个坐标系。例如，选择两条互相垂直的直线，再选择它们的交点、边，创建如图 3-25 所示的坐标系。

3）原点、*X* 点、*Y* 点。通过用户依次指定的 3 个点来创建一个坐标系。用户指定的第 1

个点为原点，第 1 个点与第 2 个点的矢量为坐标系的 X 轴，第 1 个点与第 3 个点的矢量为坐标系的 Y 轴，而坐标系的 Z 轴由右手定则来确定。创建的坐标系如图 3-26 所示。

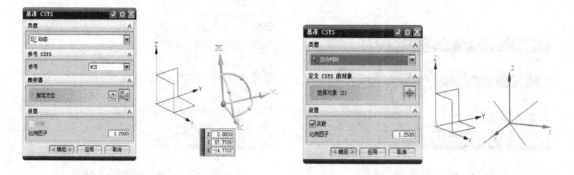

图 3-24　动态创建基准坐标系　　　　　　图 3-25　自动判断创建基准坐标系

4）X 轴、Y 轴、原点。通过定义或选择两个矢量，然后指定一点作为原点来创建坐标系。指定的第 1 条直线作为 X 轴方向，第 2 条直线为 Y 轴方向，通过原点与第 1 条直线平行的矢量作为 X 轴，通过原点与该矢量垂直的矢量作为 Y 轴，而坐标系的 Z 轴由右手定则确定。创建如图 3-27 所示的坐标系。"Z 轴、X 轴、原点"和"Z 轴、Y 轴、原点"创建坐标系的方法同上。

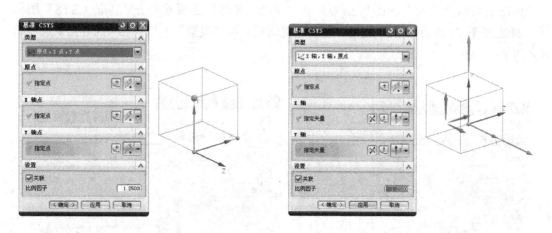

图 3-26　原点、X 点、Y 点创建基准坐标系　　　图 3-27　X 轴、Y 轴、原点创建基准坐标系

5）平面、X 轴、点。首先选择一个平面，该平面为 Z 轴的法线平面，指定一个矢量方向为 X 轴的方向，再指定一个点为坐标系的原点，创建如图 3-28 所示的坐标系。

6）三平面。通过指定三个平面来创建坐标系。第 1 个平面的法线矢量作为坐标系的 X 轴，第 2 个平面的法线矢量作为坐标系的 Y 轴，而坐标系的 Z 轴由右手定则来确定。

7）绝对 CSYS。创建一个与绝对坐标系重合的基准坐标系。

8）当前视图的 CSYS。使用当前视图创建坐标系。坐标系的原点为该视图的中心，视图水平向右方向为 X 轴，竖直向上方向为 Y 轴，垂直于屏幕向外的方向为 Z 轴。创建如图

3-29 所示的坐标系。

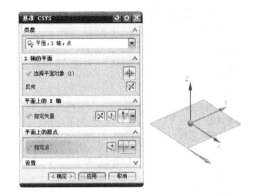 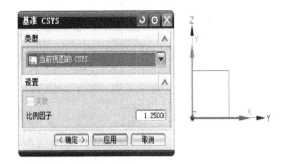

图 3-28　平面、X 轴、点创建基准坐标系　　　图 3-29　当前视图的 CSYS 创建基准坐标系

9）偏置 CSYS。用户先选择一个坐标系作为参考坐标系，然后输入相对于该坐标系的偏置距离以及旋转的角度来创建一个新的坐标系，如图 3-30 所示。

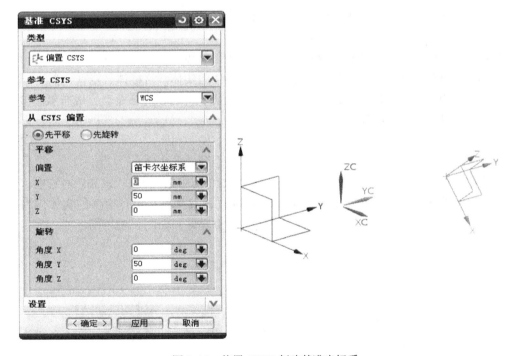

图 3-30　偏置 CSYS 创建基准坐标系

（4）基准点

基准点就是在视图中创建的一个或一系列点，这些点可以用来为创建基本体（长方体、圆柱体、圆锥体、球体）确定位置，也可以为在实体特征上打孔定位。

单击主菜单"插入"→"基准/点"→"点"选项或单击"基准点"图标 ┼，弹出如图 3-31 所示的"点"对话框。在其"类型"下拉列表中各主要选项如图 3-31 所示。基准点创建比较简单，这里就不一一介绍了。

图 3-31 "点"对话框

3.1.5 布尔运算

布尔运算是对已存在的两个或多个实体进行求和、求差和求交的操作，经常用于需要剪切实体、合并实体以及获取实体交叉部分的情况。

布尔操作中的实体分为目标体和刀具体（也称为工具体）。

目标体：最先选择的需要与其他实体进行布尔操作的实体，目标体只能有一个。

刀具体：用来在目标体上执行布尔操作的实体，刀具体可以有多个。完成布尔操作后，刀具体将成为目标体的一部分。

1. 求和

求和用于将两个或两个以上不同的实体合并为一个独立的实体。

单击图标 或单击"插入"→"组合体"→"求和"选项，弹出"求和"对话框，先选择需要与其他实体进行求和操作的实体作为目标体，再选择与目标体合并的实体作为刀具体，单击"确定"按钮后，刀具体与目标体合并为一个实体，如图 3-32 所示。

 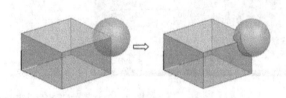

图 3-32 布尔运算求和

2. 求差

求差是用于从目标体中删除一个或多个刀具体，即求实体间的差集。

单击图标 或单击主菜单"插入"→"组合体"→"求差"选项，弹出"求差"对话框，先选择需要相减的目标体，然后，选择一个或多个实体作为刀具体，单击"确定"按钮后，则系统将从目标体中删除所选的刀具体，如图 3-33 所示。

注意：所选的刀具体必须与目标体相交，否则，在相减时会产生出错信息，而且它们之间的边缘也不能重合。

3．求交

求交用于使目标体和所选刀具体之间的相交部分成为一个新的实体，即求实体间的交集。

单击图标⬚或单击主菜单"插入"→"组合体"→"求交"选项，弹出"求交"对话框，先选择目标体，然后，选择一个或多个实体作为刀具体，则系统会用所选的目标体和刀具体的公共部分产生一个新的实体或片体，如图3-34所示。

注意：所选的刀具体必须与目标体相交，否则，会产生出错信息。

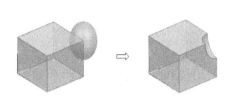

图3-33　布尔运算求差

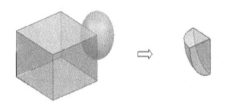

图3-34　布尔运算求交

3.1.6　定位

在UG NX 8.0的成型操作过程中一般都需要对所创建的特征定位，"定位"对话框如图3-35所示，各图标含义及操作如下。

1．水平⬚

水平定位方法用于创建平行于水平参考对象的定位尺寸，水平定位示意如图3-36所示。

各种定位方法的操作步骤基本类似，下面以生成腔体时的水平定位为例介绍定位方法的具体操作步骤。

1）单击图标，弹出"腔体"对话框，单击"矩形"按钮，弹出"矩形腔体"对话框。选择放置平面、水平参考后，设置"矩形腔体"的参数，单击"确定"按钮。打开"定位"对话框，如图3-35所示。

图3-35　"定位"对话框

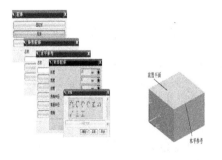

图3-36　"腔体"对话框水平定位示意图

2）单击图标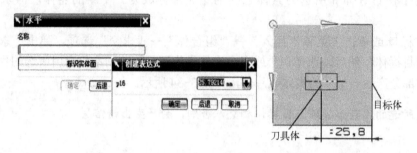，打开"水平"对话框，选择水平标注参考对象，如图 3-37 所示。

3）选择目标对象后，弹出"创建表达式"对话框，在文本框中输入距离值，单击"确定"按钮，完成水平定位。在完成腔体的水平定位操作后，还要继续进行竖直方向定位操作。

图 3-37　水平定位方法

2. 竖直

竖直定位方法用于创建垂直于水平参考对象的定位尺寸，竖直定位示意如图 3-38 所示。

3. 平行

平行定位方法用于创建的定位尺寸平行于所选参考对象上两点的连线，平行定位示意如图 3-39 所示。

4. 垂直

垂直定位方法是以特征上的点或边到所选目标边的距离作为定位尺寸，并且定位尺寸垂直于目标边，垂直定位示意如图 3-40 所示。

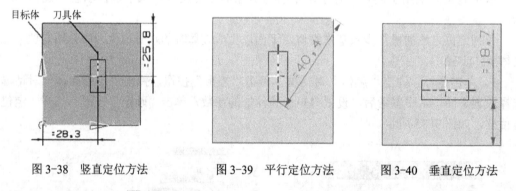

图 3-38　竖直定位方法　　　　图 3-39　平行定位方法　　　　图 3-40　垂直定位方法

5. 按一定距离平行

按一定距离平行定位方法是以特征上的边与实体上的边的距离作为定位尺寸，按一定距离平行定位，如图 3-41 所示。

6. 成角度

成角度定位方法是以特征上的边与实体上的边所成的角度作为定位尺寸，角度定位示意如图 3-42 所示。

7. 点到点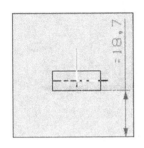

点到点定位方法是将特征上的点与实体上的点重合来实现定位。

8. 点到线

点到线定位方法是将特征上的点与实体上的边重合来实现定位。

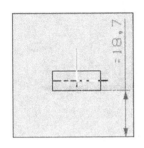

图 3-41　按一定距离平行定位方法 　　　　图 3-42　成角度定位方法

9. 线到线

线到线定位方法是将特征上的边与实体上的边重合来定位，线到线定位示意如图 3-43
所示。

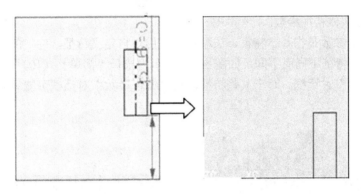

图 3-43　线到线定位方法

3.1.7　常用特征编辑

在设计产品或零部件的时候，有时难免考虑不周全，所以需要是对已有的特征进行修改
完善。UG 实体特征属于参数化建模，所以通过特征编辑和同步建模可以对已有的特征进行
修改完善。这里主要介绍实体特征的参数编辑、编辑特征定位、可回滚编辑、特征重排序及
同步建模中的拉出面、移动面、替换面、设为共面等。

1. 参数编辑

编辑特征参数操作可以重新对所创建的特征参数进行修改。

打开"gongyoulingjian.prt"文件，单击主菜单"编辑"→"特征"→"编辑参数"选项
或单击"编辑特征参数"图标，弹出"编辑参数"对话框，如图 3-44 所示。

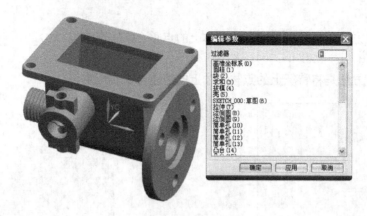

图 3-44 "编辑参数"对话框

（1）启用编辑特征方式

1）在绘图工作区中直接双击要编辑参数的特征。

2）在"编辑参数"对话框的特征列表框中选择要编辑参数的特征名称。

3）在"部件导航器"中选择特征，单击鼠标右键，在弹出的快捷菜单中选择"编辑参数"选项。

（2）编辑特征参数

1）编辑一般实体特征参数。

一般实体特征参数是指基本特征、成型特征与用户自定义特征，它们的"编辑参数"对话框依所选的编辑特征不同而不同，如图 3-45 所示为选择"简单孔（10）"单击"应用"后弹出的"编辑参数"对话框。对于某些特征，其"编辑参数"对话框可能只有其中一个或两个选项。

图 3-45　编辑一般实体特征参数对话框

① 特征对话框：用于编辑特征的存在参数。单击该按钮，打开所选特征创建时的参数对话框，修改需要改变的参数值即可。

② 重新附着：用于重新指定所选特征附着平面。可以把建立在一个平面上的特征重新附着到新的特征上去。已经具有定位尺寸的特征，需要重新指定新平面上的参考方向

和参考边。

③ 更改类型：用于改变所选特征的类型。单击该按钮，打开所选特征创建时的类型对话框，选择需要的类型，则所选特征的类型改变为新的类型。此选项只有在所选特征为孔或槽等成型特征时才出现。

2）编辑扫描特征参数。

这里所讲的扫描特征参数包括拉伸特征、旋转特征和沿导引线扫掠特征。这些特征既可通过修改与扫描特征关联的曲线、草图、面和边来编辑，也可以通过修改这些特征的特征参数来编辑。

3）编辑阵列特征参数。

当所选特征为阵列特征时，其"编辑参数"对话框如图 3-46 所示，用于编辑阵列特征中目标特征的相关参数。

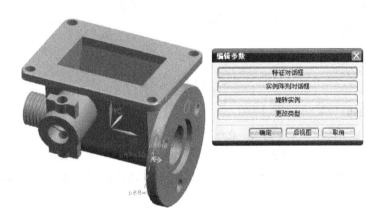

图 3-46　编辑阵列特征参数对话框

4）编辑其他特征参数。

其他特征参数包括挖空、拔模、螺纹、比例缩放、修补和缝合等。其"编辑参数"对话框就是创建对应特征时的对话框，只是有些选项和图标是灰显的。其编辑方法与创建时的方法相同。编辑螺纹参数对话框如图 3-47 所示。

图 3-47　编辑螺纹参数对话框

2. 编辑定位

单击主菜单"编辑"→"特征"→"编辑定位"选项或单击"编辑定位"图标，打开"编辑位置"对话框，如图 3-48a 所示。选择要编辑定位的特征，单击"确定"按钮，打开如图 3-48b 所示的"编辑位置"对话框。同时所选特征的定位尺寸在绘图工作区中以高亮显示。用户可以利用"编辑位置"对话框中的"添加尺寸、编辑尺寸值、删除尺寸"来重新定位所选的特征位置。

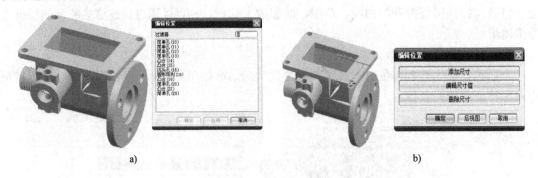

图 3-48　编辑位置对话框

3. 可回滚编辑

单击主菜单"编辑"→"特征"→"可回滚编辑"选项或单击"可回滚编辑"图标，弹出如图 3-49 所示"可回滚编辑"对话框。在列表中选择要编辑的特征，单击"确定"按钮，就可以回到创建对应特征时的对话框，对其进行重新编辑，方法与创建时的方法相同。

4. 特征重排序

单击主菜单"编辑"→"特征"→"重排序"选项或单击"重排序"图标，弹出如图 3-50 所示"特征重排序"对话框。编排特征顺序时，先在对话框上部的"参考特征"列表框中选择一个特征作为特征重新排序的基准特征，此时在下部"重定位特征"列表框中，列出可按当前的排序方式调整顺序的特征，接着选择"在前"或"在后"单选按钮设置排序方式，然后从"重定位特征"列表框中，选择一个要重新排序的特征即可，系统会将所选特征重新排到基准特征之前或之后。

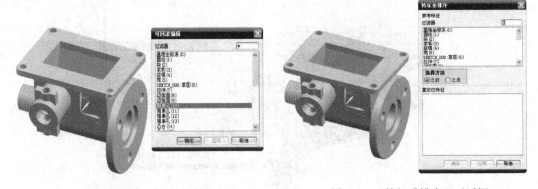

图 3-49　"可回滚编辑"对话框　　　　图 3-50　"特征重排序"对话框

5．同步建模

是对已有的特征进行的编辑。常用的方法有：移动面、拉出面、替换面、设为共面等。

1）移动面。单击主菜单"插入"→"同步建模"→"移动面"选项或单击"同步建模"工具栏中的"移动面"图标 🔷，弹出"移动面"对话框。在"移动面"对话框中点选上表面，运动选择"距离-角度"，距离为"20"，角度为"15"，单击"确定"按钮，得到如图 3-51 所示的结果。

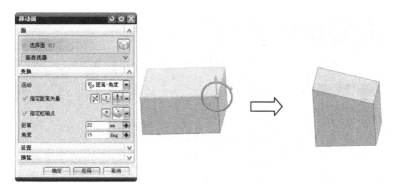

图 3-51　移动面

2）拉出面。单击主菜单"插入"→"同步建模"→"移动面"选项或单击"同步建模"工具条中的"拉出面"图标 🔷，弹出"拉出面"对话框，在"拉出面"对话框中，点选上表面，运动选择"距离"，距离为"45"，单击"确定"按钮，得到如图 3-52 所示的结果。

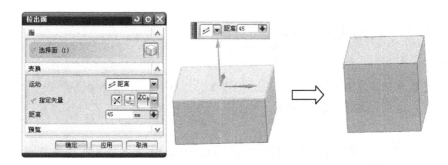

图 3-52　拉出面

3）替换面。单击主菜单"插入"→"同步建模"→"替换面"选项或单击"同步建模"工具栏中的"替换面"图标 🔷，弹出"替换面"对话框，分别选择要替换的面和替换面，输入距离为"10"，单击"确定"按钮，得到如图 3-53 所示的结果。

4）设为共面。单击主菜单"插入"→"同步建模"→"设为共面"选项或单击"同步建模"工具栏中的"设为共面"图标 🔷，弹出"设为共面"对话框，分别选择要运动的面和固定面，单击"确定"按钮，得到如图 3-54 所示的结果。

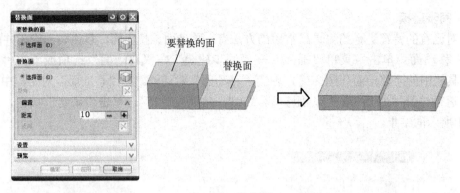

图 3-53　替换面

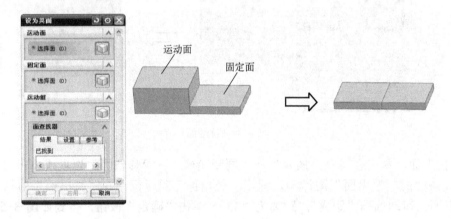

图 3-54　设为共面

3.2　任务 1　台灯架实体建模

【学习目标】

1. 掌握基本体素（长方体、圆柱体、圆锥体、球体）的建模方法与应用。

2. 掌握基准点和布尔运算的运用。

【学习重点】

综合运用长方体、圆柱体、圆锥体、球体的建模方法完成台灯实体建模。

【学习难点】

掌握台灯架实体建模的技巧。

【学习内容】

完成如图 3-55 所示台灯架实体建模。

台灯架实体建模主要运用基本体素（长方体、圆柱体、圆锥体、球体）的建模命令及布尔运算和基准点命令。

3.2.1　知识链接

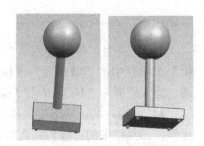

图 3-55　台灯架实体

1. 基本体素特征的概念

直接生成实体的方法一般称为基本体素特征，可用于创建简单形状的对象。基本体素特

94

征包括长方体、圆柱体、圆锥体、球体等特征。由于这些特征与其他特征不存在相关性，因此在创建模型时，一般会将基本体素特征作为第一个创建的对象。

2．基本体素特征的创建方法

（1）长方体

单击主菜单"插入"→"设计特征"→"长方体"选项或单击"长方体"图标 ，弹出"块"对话框（又称为"长方体"对话框）。其"类型"下拉列表如图 3-56 所示。各选项的含义如下。

1）原点和边长 。在文本框中输入长方体长度、宽度、高度，然后指定一点作为长方体前面左下角的顶点。

2）二点和高度 。指定Z轴方向上的高度和底面两个对角点创建长方体。

3）两个对角点 。指定长方体的两个对角点位置创建长方体。

（2）圆柱

单击主菜单"插入"→"设计特征"→"圆柱"选项或单击"圆柱"图标 ，弹出"圆柱"对话框。其"类型"下拉列表如图 3-57 所示。各选项的含义如下。

图 3-56 "块"对话框　　　　　　　　图 3-57 "圆柱"对话框

1）轴、直径和高度 。先指定圆柱体的矢量方向和底面的中点位置，然后设置其直径和高度即可。

2）圆弧和高度 。先指定圆柱的高度，再按所选择的圆弧创建圆柱。在该对话框中，首先选择一个圆弧，然后在"尺寸"选项组中输入高度，选择相应的布尔运算，单击"确定"即可完成圆柱的创建。

（3）圆锥

单击主菜单"插入"→"设计特征"→"圆锥"选项或单击"圆锥"图标 ，弹出如图 3-58 所示的"圆锥"对话框。下面分别介绍对话框中的 5 种圆锥生成方式。

1）直径和高度 。指定底部直径、顶部直径和高度来生成圆锥。利用"矢量构造器"或"自动判断矢量"构造一个矢量，用于指定圆锥的轴线方向。利用"点构造器"或选择已存在点用于指定圆锥底面中心的位置，在"尺寸"选项组中输入圆锥的底部直径、顶部直径和高度。

2）直径和半角🔺。指定底部直径、顶部直径、半角及生成方向来创建圆锥。

3）底部直径、高度和半角🔺。指定底部直径、高度和半角来创建圆锥。

4）顶部直径、高度和半角🔺。指定顶部直径、高度、半角及生成方向来创建圆锥。

5）两个共轴的圆弧🔺。指定两同轴圆弧来创建圆锥。所选择的两个圆弧分别作为底部圆弧和顶部圆弧，如果两个圆弧不同轴，则系统会以投影的方式将顶端圆弧投影到基准圆弧轴上。圆弧可以不封闭。

（4）球体

单击主菜单"插入"→"设计特征"→"球"选项或单击"球"图标⚪，弹出如图 3-59 所示的"球"对话框。下面介绍该对话框中两种生成球体的方式。

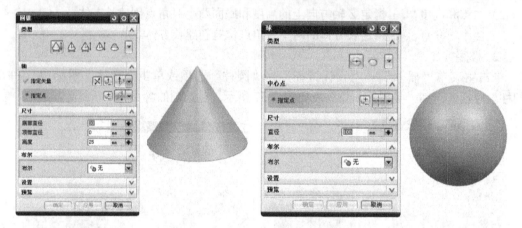

图 3-58 "圆锥"对话框   图 3-59 "球"对话框

1）中心点和直径🔘。指定直径和球心来创建球。单击该按钮，指定或选择一个点作为球的中心，在"直径"文本框中输入球的直径，最后在"布尔"下拉列表中选择一种布尔操作方法，即可完成球的创建操作。

2）圆弧🔘。指定圆弧来创建球。所指定的圆弧不一定封闭。单击该按钮，会弹出"对象选择"对话框，若选择一圆弧，则以该圆弧的半径和中心点分别作为创建球体的半径和球心。在"布尔"下拉列表中选择一种布尔操作方法，即可完成球的创建操作。

3.2.2 任务实施

台灯架实体建模设计流程如图 3-60 所示。

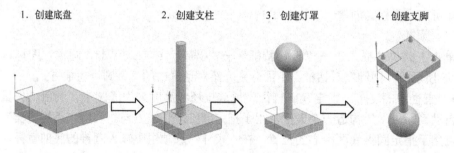

图 3-60 台灯架实体建模设计流程

台灯架实体建模方法与步骤如下。

1）利用"原点和边长"方法创建长为 100，宽为 100，高为 20 的长方体，如图 3-61 所示。

2）利用"轴、直径和高度"方法创建直径为 20，高为 150 的圆柱体，指定矢量为 Z 轴正方向，指定点为 XC30，YC50，ZC20，通过布尔运算与底盘长方体求和，结果如图 3-62 所示。

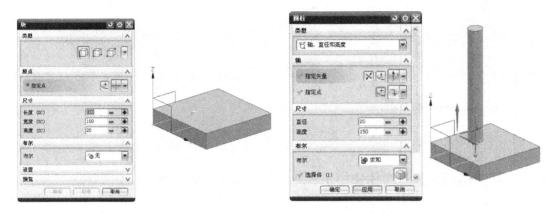

图 3-61　创建长方体　　　　　　　　　　　　图 3-62　创建圆柱体

3）利用"中心点和直径"方法创建直径为 70 的球，指定点为圆柱顶面的圆心点，通过布尔运算与基体求和。结果如图 3-63 所示。

4）创建 4 个圆锥台凸垫。

① 利用"绘制基准点"方法，在台架底面绘制 4 个定位点，绝对坐标分别为（10，10，0）、（10，90，0）、（90，90，0）、（90，10，0），如图 3-64 所示。

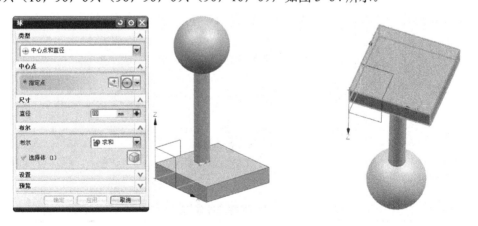

图 3-63　创建球体　　　　　　　　　　　　图 3-64　绘制 4 个定位点

② 在 4 个点的位置创建 4 个圆锥台凸垫。利用"直径和高度"方法创建底部直径为 10，顶部直径为 5，高度为 12，指定矢量为 Z 轴负方向，指定点分别选取上步绘制的 4 个基准点，每选一个点，单击一次"应用"按钮，直至创建 4 个圆锥台，通过布尔运算与基体求和，完成灯架的造型。结果如图 3-65 所示。

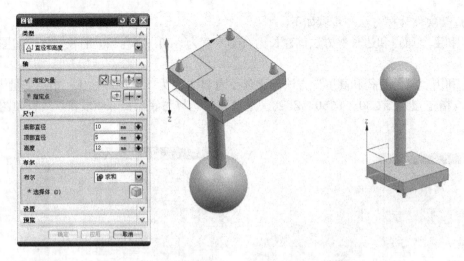

图 3-65　创建锥台支脚

3.2.3　任务拓展（套的实体建模）

完成如图 3-66 所示套的实体建模。

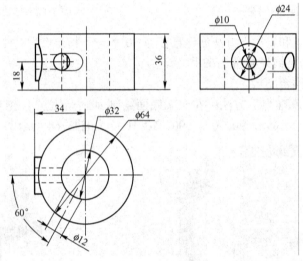

图 3-66　套的零件

套的设计步骤见表 3-1。

表 3-1　套类实体建模

步　骤	绘　制　方　法	绘制结果图例
1．创建外径 φ64，内径 φ32，高 36 的主体套	（1）创建圆柱体直径为 64、高为 36、矢量方向为 Z 轴，定位点为（0,0,-18）； （2）创建圆柱体直径为 32、高为 36、矢量方向为 Z 轴，定位点为（0,0,-18），布尔运算：求差	

步 骤	绘 制 方 法	绘 制 结 果 图 例
2．创建左侧外径$\phi24$，内径$\phi10$的凸台	（1）创建圆柱体直径为 24、高为 10，矢量方向为 X 轴，定位点为 $(-34,0,0)$，布尔运算：求和； （2）创建圆柱体直径为 10、高为 34，矢量方向为 X 轴，定位点为 $(-34,0,0)$，布尔运算：求差	
3．创建$\phi12$与X轴夹角为 60°的孔	（1）在 X-Y 平面创建与 X 轴夹角为 60° 的草图直线 1； （2）创建圆柱体直径为 12、高为 34，矢量方向为点到点，分别拾取直线 1 的两个端点，定位点：拾取直线第一个端点，布尔运算：求差，完成套的实体建模	

3.2.4 任务实践

完成如图 3-67 所示的东方明珠电视塔模型的实体建模，要求自行设计尺寸，比例合适。

3.3 任务 2 支座实体建模

【学习目标】

1．掌握拉伸建模方法与应用。

2．掌握基准面的创建和布尔运算的应用。

【学习重点】

运用拉伸建模命令完成支座实体建模。

【学习难点】

掌握支座实体建模的技巧。

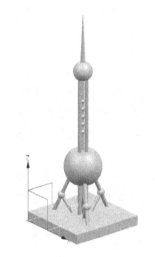

图 3-67 东方明珠电视塔模型

【学习内容】

完成如图 3-68 所示的支座实体建模。

支座实体建模主要运用拉伸建模、圆柱、基准面的创建及布尔运算等命令。

3.3.1 知识链接

拉伸建模是将草图或二维曲线对象沿所指定的方向拉伸到某一指定的位置所形成的实体。

单击主菜单“插入”→“设计特征”→“拉伸”选项或单击“特征”工具栏中“拉伸”图标，弹出“拉伸”对话框，如图 3-69 所示。首先在绘图区选择要拉伸的曲线，此时输入数值，系统自动生成拉伸预览。

（1）“拉伸”对话框中各主要选项含义

1）方向：用来确定拉伸方向。

2）布尔：选择拉伸操作的运算方法。包括创建、求和、求差和求交运算。

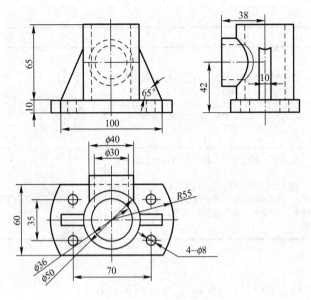

图 3-68　支座零件图

3）极限：包括是否对称拉伸、起始和结束值的定义。在"开始"或者"结束"下拉列表框中，可以定义起始或结束拉伸方式为"值"、"对称值"、"直至下一个"、"直至选定对象"、"直至延伸部分"以及"贯通"，当选择起始或者结束类型为数值型时，需要输入起始或者结束的值，单位为毫米。

4）偏置：包括起始和结束偏置值的设置，以及偏置方式设置。其中偏置方式包括"单侧"、"两侧"和"对称"。

5）拔模：用于设置类型与角度，其中"拔模"下拉列表包括"从起始限制"、"从截面"、"从截面-不对称角"、"从截面-对称角"和"从截面匹配的终止处"5个选项。

6）预览：UG NX 8.0 提供了对拉伸成型前的预览功能，对于拉伸对象的选择，可以直接在图形界面中进行，系统会根据所选对象自动确定拉伸对象。

（2）用于拉伸的对象

1）实体面：选取实体的面作为拉伸对象。

2）实体边缘：选取实体的边作为拉伸对象。

3）曲线：选取曲线或草图的部分线串作为拉伸对象。

4）成链曲线：选取相互连接的多段曲线的其中一条，就可以选择整条曲线作为拉伸对象。

5）片体：选取片体作为拉伸对象。

图 3-69　"拉伸"对话框

3.3.2　任务实施

支座实体建模设计流程如图 3-70 所示。支座实体建模设计操作方法与步骤如下。

1．新建文件

在工具栏中，单击"新建"图标，创建一个文件名为"zhizuo.prt"的模型文件。

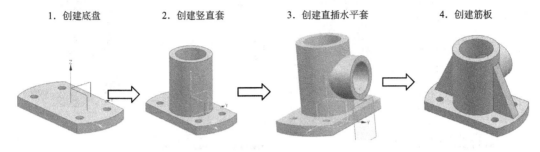

1．创建底盘   2．创建竖直套   3．创建直插水平套   4．创建筋板

图 3-70 支座实体建模设计流程

2．支座实体建模

（1）创建底盘

1）在 X-Y 平面，创建如图 3-71 所示草图（对 $\phi8$ 小圆作对称约束）。然后单击"完成草图"图标。

2）单击主菜单"插入"→"设计特征"→"拉伸"选项或单击"拉伸"图标，弹出"拉伸"对话框，选择截面曲线为上步所画的草图，矢量方向默认或 Z 轴正向，采用"值"拉伸、距离为"10"，布尔运算为无。单击"应用"按钮，得到如图 3-72 的支座底盘。

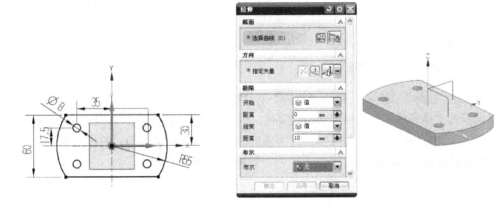

图 3-71 支座底盘草图   图 3-72 支座底盘

（2）创建竖直套（如图 3-73 所示）

1）利用"轴、直径和高度"方法创建直径为 50，高为 65 的圆柱体，指定矢量为 Z 轴正方向，指定点为 $XC0$，$YC0$，$ZC10$，通过布尔运算与底盘求和。结果如图 3-73a 所示。

2）利用"轴、直径和高度"方法创建直径为 36，高为 65 的圆柱体，指定矢量为 Z 轴正方向，指定点为 $XC0$，$YC0$，$ZC10$，通过布尔运算与主体求差。结果如图 3-73b 所示。

（3）创建直插水平套

1）创建与 XZ 相平行，距离为 38 的基准平面，如图 3-74 所示。

2）在上步的基准平面上创建如图 3-75 所示草图。

图 3-73 竖直套

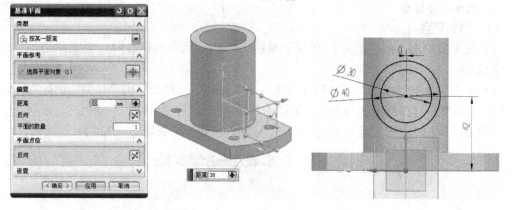

图 3-74 创建基准平面

图 3-75 直插水平套草图

3）单击"拉伸"图标，弹出"拉伸"对话框，选择截面曲线为$\phi40$圆的草图（注意：选择过滤器为"单条线"），矢量方向指向实体，采用"直至选定对象"拉伸、点选外圆柱面，距离为"0"，布尔运算为"求和"，单击"应用"按钮，得到如图 3-76a 的直插水平套。

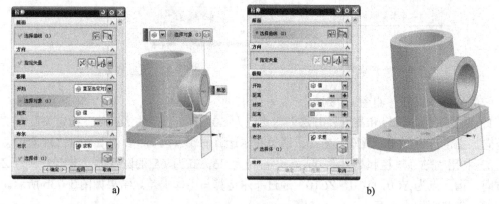

图 3-76 直插水平套

4）单击"拉伸"图标，弹出"拉伸"对话框，选择截面曲线为$\phi30$圆的草图（注意：选择过滤器为"单条线"），矢量方向指向实体，采用"值"拉伸，距离为"38"，布尔运算为"求差"，单击"应用"按钮，得到如图 3-76b 的φ30 孔。

（4）创建筋板

1）将图显示为静态线框状态，在 X-Z 平面绘制筋板的两个三角形草图，并约束尺寸，如图 3-77 所示。

2）选择上步所绘制的草图，采用"对称值"拉伸，距离为"5"，布尔运算为"求和"，单击"应用"按钮，将图显示为带边着色状态，得到如图 3-78 的筋板。

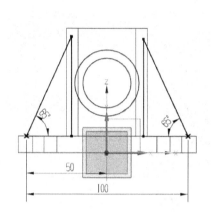

图 3-77　筋板草图

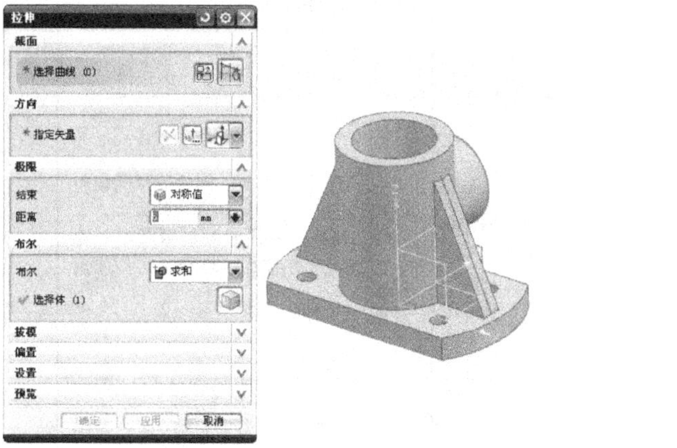

图 3-78　筋板

3）隐藏所有草图和基准，并保存文件，完成支座实体建模。得到如图 3-79 所示的结果。

3.3.3　任务拓展（戒指实体建模）

完成如图 3-80 所示的戒指实体建模，通过该实例的实体建模主要掌握拉伸实体建模的命令。

图 3-79　支座实体

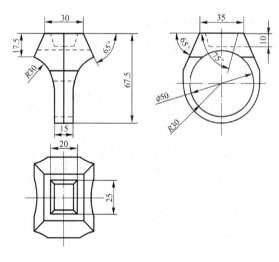

图 3-80　戒指零件图

103

戒指实体建模的设计步骤见表 3-2。

表 3-2　戒指实体建模

步　骤	绘制方法	绘制结果图例
1. 拉伸戒指毛坯	（1）在 Y-Z 平面，创建戒指横截面草图并约束尺寸（圆心为原点） （2）将上步所绘制的草图对称拉伸 30，得到戒指毛坯	
2. 拉伸戒指主体	（1）在 X-Z 平面，创建戒指横截面草图并进行尺寸约束和几何约束 （2）选择上步所绘制的草图，对称拉伸 30，布尔运算：求交，得到戒指主体	
3. 拉伸梯形凹坑	（1）选择上平面为草图平面，创建矩形草图 （2）选择上步所绘制的矩形草图，采用值拉伸的开始距离为 0，结束距离为 10，布尔运算：求差，选择从起始位置拔模，角度为 15°，单击"确定"按钮，并隐藏所有草图和基准，完成戒指的实体造型	

3.3.4　任务实践

1. 完成图 3-81 所示的垫块零件的实体建模。

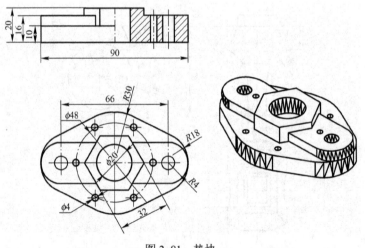

图 3-81　垫块

2. 完成图 3-82 所示的支座零件的实体建模。

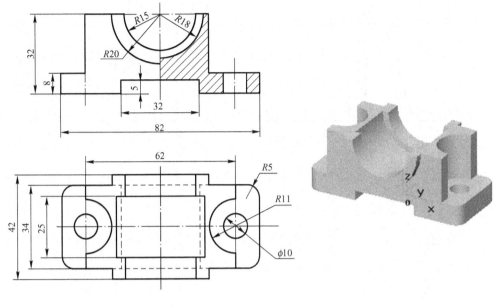

图 3-82 支座

3. 完成图 3-83 所示的滑块座零件的实体建模。

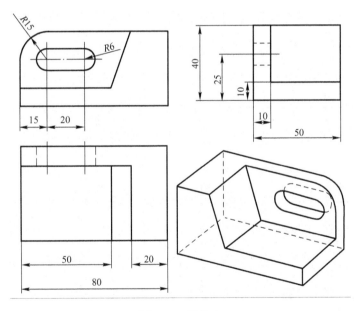

图 3-83 滑块座

4. 完成图 3-84 所示的轴承座零件的实体建模。

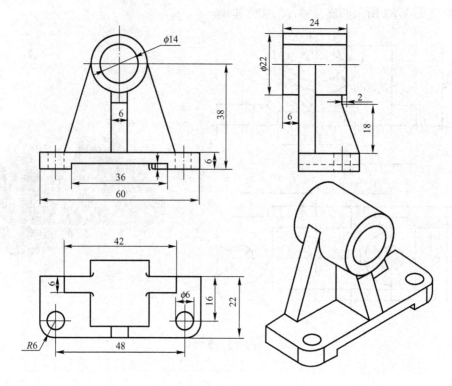

图 3-84　轴承座

5. 完成图 3-85 所示的滑块零件的实体建模。

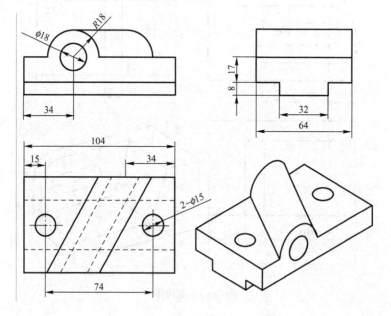

图 3-85　滑块

6. 完成图 3-86 所示的连杆零件的实体建模。

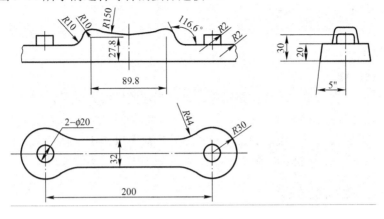

图 3-86　连杆

3.4　任务 3　阶梯轴零件的实体建模

【学习目标】

　　1. 掌握旋转建模的方法与应用。

　　2. 掌握沟槽、键槽、螺纹、腔体、倒角、打孔、阵列等特征的创建方法与应用。

　　3. 掌握基准面的创建和布尔运算的运用。

【学习重点】

　　综合运用旋转建模命令及沟槽、键槽、螺纹、腔体、倒角等特征操作完成阶梯轴零件的实体建模。

【学习难点】

　　掌握阶梯轴零件的实体建模的技巧。

【学习内容】

　　完成如图 3-87 所示阶梯轴零件的实体建模。

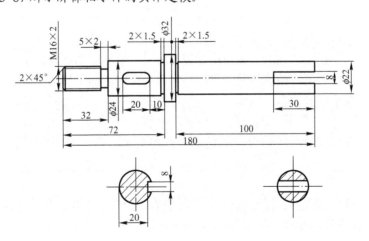

图 3-87　阶梯轴零件图

阶梯轴零件实体建模主要运用旋转建模、槽、键槽、螺纹、腔体、倒角等特征的创建方法、基准面的创建及布尔运算等命令。

3.4.1 知识链接

1. 旋转实体建模

旋转实体建模是将草图或二维曲线对象，绕所指定的轴线方向及指定点旋转一定的角度而形成的实体或片体。

单击主菜单"插入"→"设计特征"→"回转"命令或单击"特征"工具栏中"回转"图标█，弹出"回转"对话框，如图3-88所示。回转操作一般步骤如下。

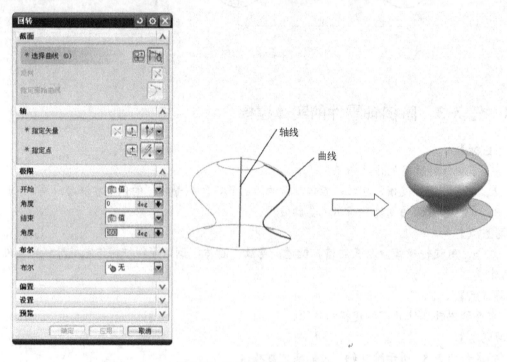

图3-88 "回转"对话框及应用

1）选择要回转的曲线、边、面或片体。

2）在"开始"下面的"角度"数值框设置对象进行回转时的起始角度。

3）在"结束"下面的"角度"数值框设置对象进行回转的结束角度。

4）指定某一曲线或在"自动判断的矢量"中选择某一矢量作为回转轴。

5）指定回转的基点位置（基点位置不同，即使回转轴和母线相同，回转后的实体也不同；当回转的基点位于回转轴上，则回转得到的是实心体，否则为空心体），单击"确定"即可。

2. 槽

槽特征只能在圆柱面或圆锥面上创建，其类型有：矩形槽、球形端槽、U形槽3种。下面以矩形槽为例介绍其创建方法。

（1）矩形槽槽的底部为平面，截面为矩形。

1）单击主菜单"插入"→"设计特征"→"槽"选项或单击"槽"图标 ，弹出"槽"对话框，如图 3-89 所示。

2）选择"矩形"，利用弹出的对话框选择放置面，放置面只能是圆柱面或圆锥面。在视图区圆柱实体上选择完放置面后，会打开如图 3-90 所示的"矩形槽"对话框，在该对话框中设置槽的参数。该对话框中各选项含义如下。

图 3-89 "槽"对话框　　　　　　　图 3-90 "矩形槽"对话框

① 槽直径：用于设置槽底部直径尺寸（直径须小于圆柱面或该位置的圆锥面直径）。如输入：30。

② 宽度：用于设置槽的宽度尺寸。如输入：15。

3）单击"矩形槽"对话框中的"确定"按钮，系统弹出"定位槽"对话框，如图 3-91 所示。

图 3-91 "定位槽"对话框

4）先点选圆柱上边界，再点选圆盘上边界，输入所要的定位尺寸，单击"确定"按钮。得到如图 3-92 所示的结果。

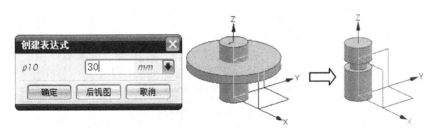

图 3-92 建矩形槽

（2）球形端槽其创建方法与矩形槽相同，其形状与矩形槽的区别是，槽的底部是圆弧面，如图3-93所示。

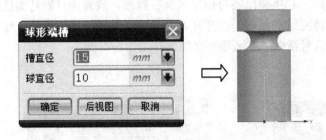

图3-93　球形端槽

（3）U形槽其创建方法与矩形槽相同，其形状与矩形槽的区别是，底面与侧面为圆弧过渡，如图3-94所示。

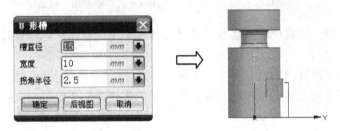

图3-94　U形槽

3. 螺纹

螺纹特征只能在圆柱面上创建，其类型有：符号螺纹和详细螺纹两种。

（1）详细螺纹：创建真实感螺纹。

1）单击主菜单"插入"→"设计特征"→"螺纹"选项或单击"螺纹"图标，弹出"螺纹"对话框，在"螺纹类型"区，选择"详细"单选按钮，如图3-95所示。

图3-95　"螺纹"对话框

2）选择放置面，放置面只能是圆柱面。在视图区圆柱实体上选择完放置面后，会打开如图 3-96 所示的"螺纹"对话框。在该对话框中设置螺纹的参数。单击"确定"按钮，得到如图 3-97 所示的详细螺纹。

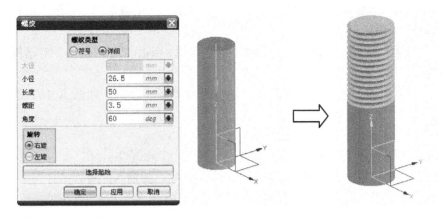

图 3-96 "螺纹"对话框   图 3-97 详细螺纹

（2）符号螺纹：按照制图标准规定创建螺纹

1）单击主菜单"插入"→"设计特征"→"螺纹"选项或单击"螺纹"图标 ，弹出"螺纹"对话框，在"螺纹类型"区，选择"符号"单选按钮，如图 3-98 所示。

2）选择放置面，放置面只能是圆柱面。在视图区圆柱实体上选择完放置面后，会自动得到如图 3-99 所示"螺纹"对话框。可以勾选"手工输入"复选框，在该对话框中设置螺纹的参数。单击"确定"按钮，创建符号螺纹。

图 3-98 "螺纹"对话框

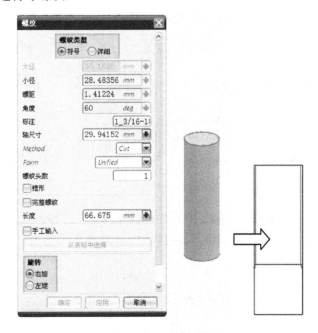

图 3-99 创建符号螺纹

4. 键槽

键槽类型有：矩形键槽、球形键槽、U 形键槽、T 形键槽、燕尾形键槽 5 种，下面主要以矩形键槽为例说明其创建方法。

（1）矩形键槽底部是平的。

1）单击主菜单"插入"→"设计特征"→"键槽"选项或单击"键槽"图标，弹出"键槽"对话框，如图3-100所示。

2）在"键槽"对话框中选择"矩形槽"单选按钮，弹出"矩形键槽"对话框，用于放置位置，如图3-101所示。

3）在视图区实体上选择完放置面和水平参考对象后，会打开如图3-102的"矩形键槽"对话框。

"矩形键槽"对话框中各选项含义如下。

① 长度：用于设置矩形键槽沿水平参考方向的尺寸。如输入：50。

② 宽度：用于设置矩形键槽沿垂直参考方向的尺寸。如输入：30。

③ 深度：用于设置矩形键槽的深度。如输入：20。

图3-100　对话框　　　　　　　　　图3-101　"矩形键槽"对话框

4）单击"确定"按钮，弹出"定位"对话框，如图3-103所示。

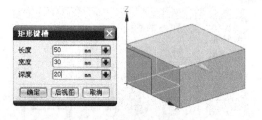
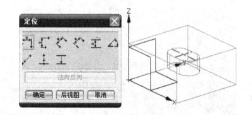

图3-102　"矩形键槽"对话框　　　　　　　图3-103　"定位"对话框

5）选择垂直定位，选择坐标轴（或实体边线）与槽的基准线（中线），输入所需定位尺寸，单击"确定"按钮。得到如图3-104所示的结果。

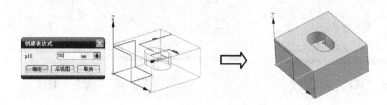

图3-104　矩形键槽结果

（2）球形键槽　创建方法与矩形键槽相同，其形状与矩形键槽的区别是，底部为圆弧形，结果如图 3-105 所示。

（3）U 形键槽　创建方法与矩形键槽相同，其形状与矩形键槽的区别是，底面与侧面为圆弧过渡，结果如图 3-107 所示。

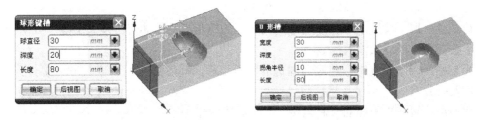

图 3-105　球形键槽　　　　　　　　　图 3-106　U 形键槽

（4）T 形槽　创建方法与矩形键槽相同，其形状与矩形键槽的区别是，截面为 T 字形，结果如图 3-107 所示。

（5）燕尾槽　创建方法与矩形键槽相同，其形状与矩形键槽的区别是，截面为燕尾形，结果如图 3-109 所示。

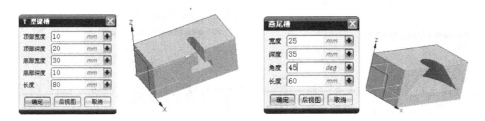

图 3-107　T 形槽　　　　　　　　　图 3-108　燕尾槽

5. 腔体

腔体类型有：圆柱形、矩形和常规 3 种，下面以矩形腔体为例说明其创建方法。

（1）矩形腔体

1）单击主菜单"插入"→"设计特征"→"腔体"选项或单击"腔体"图标，弹出"腔体"对话框，如图 3-109 所示。

2）在"腔体"对话框中选择"矩形"，弹出"矩形腔体"对话框，用于放置位置，如图 3-110 所示。

图 3-109　"腔体"对话框　　　　　　　图 3-110　"矩形腔体"对话框

3）在视图区实体上选择完放置面和水平参考对象后，会打开如图 3-111 所示的"矩形腔体"对话框。该对话框中各选项含义如下。

长度：用于设置矩形腔体沿水平参考方向的尺寸。如输入：50。

宽度：用于设置矩形腔体沿垂直方向的尺寸。如输入：40。

深度：用于设置矩形腔体的深度。如输入：30。

拐角半径：用于设置矩形腔深度方向直边处的拐角半径，其值必须大于等于 0 并且必须大于等于底部面半径。如输入：5。

底面半径：用于设置矩形腔底面周边的圆弧半径，其值必须大于等于 0，且小于拐角半径。如输入：3。

锥角：用于设置矩形腔的倾斜角度，其值必须大于等于0。如输入：0。

4）单击"确定"按钮，系统弹出"定位"对话框，如图 3-112 所示。

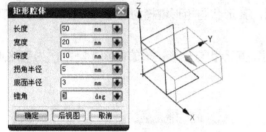

图 3-111 "矩形腔体"对话框

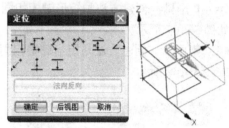

图 3-112 "定位"对话框

5）选择垂直定位，选择坐标轴（或实体边线）与槽的基准线（中线），输入所需的定位尺寸，单击"确定"按钮。得到如图 3-113 所示的结果。

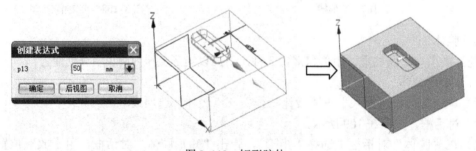

图 3-113 矩形腔体

（2）圆柱腔体 创建方法与矩形腔体相同，如图 3-114 所示。

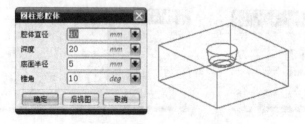

图 3-114 圆柱腔体

（3）常规腔体　用得较少，这里不作介绍。

6. 倒斜角

倒斜角有 3 种横截面形式：对称、非对称、偏置和角度。

（1）对称倒斜角

单击主菜单"插入"→"细节特征"→"倒斜角"或单击工具栏"倒斜角"图标 ，弹出"倒斜角"对话框，在"倒斜角"对话框中，横截面选"对称"，输入距离为"30"，点选相应的实体边界，单击"应用"按钮。结果如图 3-115 所示。

（2）非对称倒斜角

其创建方法与对称倒斜角基本相同，在"倒斜角"对话框中，横截面选"非对称"，分别在距离 1 和距离 2 中输入适当的值，点选相应的实体边界，单击"应用"按钮。结果如图 3-116 所示。

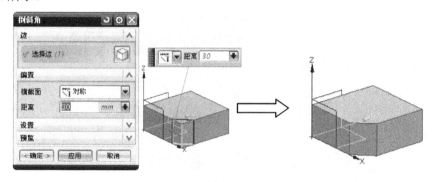

图 3-115　对称倒斜角

（3）偏置和角度

其创建方法与对称倒斜角基本相同，在"倒斜角"对话框中，横截面选"偏置和角度"，分别在距离和角度中输入适当的值，点选相应的实体边界，单击"应用"按钮。结果如图 3-117 所示。

图 3-116　非对称倒斜角　　　　　　　图 3-117　偏置和角度倒斜角

3.4.2 任务实施

1. 阶梯轴零件实体建模设计流程（如图 3-119 所示）

绘制阶梯轴主体截面草图如图 3-118 所示。

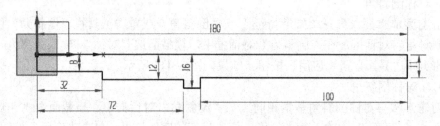

图 3-118　阶梯轴主体截面草图

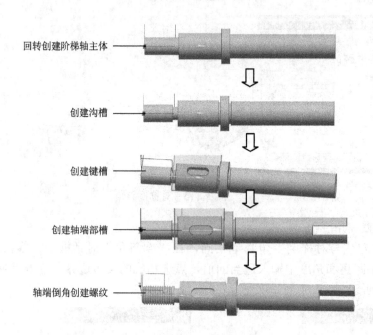

图 3-119　阶梯轴零件实体建模设计流程

2. 阶梯轴实体建模方法与步骤

（1）新建文件

在工具栏中，单击"新建"图标 ，创建一个文件名为"jietizhou.prt"的模型文件。

（2）创建阶梯轴主体

1）在 X-Y 平面创建如图 3-118 所示草图（注意：轴线位置与 X 轴重合，轴的左端面与 Y 轴重合，方便后面键槽和轴端槽的定位）。

2）单击主菜单"插入"→"设计特征"→"回转"选项，弹出的"回转"对话框。点选草图截面线，点选 X 轴作为轴，旋转角度：开始为"0"，结束为"360"，单击"确定"按钮，得到如图 3-120 所示的轴的实体。

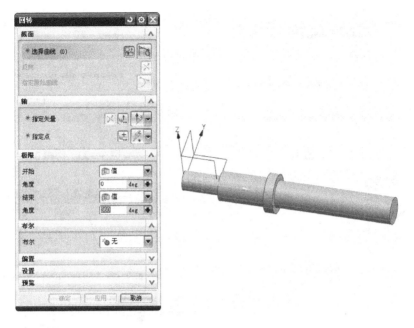

图 3-120　回转得到轴的实体

（3）创建 3 个沟槽

1）创建 5×2 的沟槽。单击主菜单"插入"→"设计特征"→"槽"选项或单击"槽"图标 ，选择矩形槽，选择放置的圆柱面，单击"确定"按钮，在弹出的"矩形槽"对话框中输入槽的直径为"12"，宽度为"5"，然后单击"确定"按钮，给槽定位后，再单击"确定"按钮，得到如图 3-121 所示沟槽。

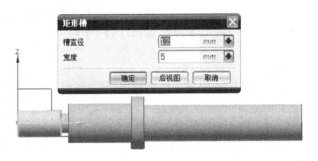

图 3-121　创建 5×2 的沟槽

2）同理创建两个 2×1.5 的沟槽：沟槽 1 如图 3-122 所示，沟槽 2 如图 3-123 所示。

（4）创建键槽

1）创建基准平面（与圆柱面相切），如图 3-124 所示。

2）在上步创建的基准面，创建键槽。单击主菜单"插入"→"设计特征"→"键槽"选项或单击"键槽"图标 ，选择矩形键槽，选择放置基准面，单击"确定"按钮，选择键槽的放置方向，点选 X 轴，在弹出的"矩形键槽"对话框中输入键槽的长度为"20"、宽度为"8"、深度为"4"，然后单击"确定"按钮，给键槽定位后，再单击"确定"按钮，得到如图 3-125 所示键槽。

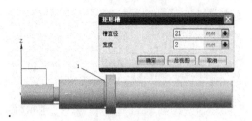

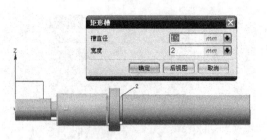

图 3-122　沟槽 1　　　　　　　　　　　　图 3-123　沟槽 2

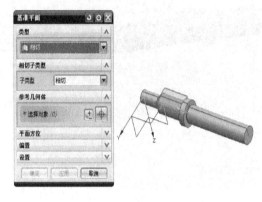

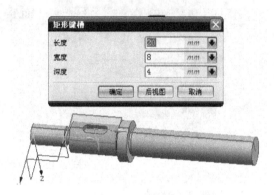

图 3-124　创建建基准平面　　　　　　　　图 3-125　创建键槽

（5）创建轴端部槽

单击主菜单"插入"→"设计特征"→"腔体"选项或单击"腔体"图标 ，选择矩形，选择放置基准面为轴端面，选择腔体的放置方向（注意与键槽方位关系），点选 Z 轴，在弹出的"矩形腔体"对话框中输入腔体的长度"40"（大于轴的直径）、宽度为"8"、深度为"30"，然后单击"确定"按钮，给腔体定位后，再单击"确定"按钮，得到如图 3-126 所示轴端部槽。

（6）轴端倒角创建螺纹

1）轴端倒角：单击主菜单"插入"→"细节特征"→"倒斜角"或单击工具栏"倒斜角" 图标，弹出"倒斜角"对话框，在"倒斜角"对话框中，横截面选"偏置和角度"，输入距离为"2"、角度为"45"，点选相应的实体边界，单击"应用"按钮，结果如图 3-127 所示。

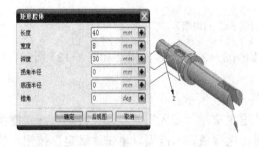

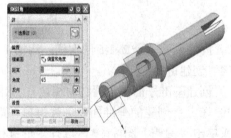

图 3-126　创建轴端部槽　　　　　　　　图 3-127　轴端倒角

2）创建螺纹：单击主菜单"插入"→"设计特征"→"螺纹"选项或单击"螺纹"图

标 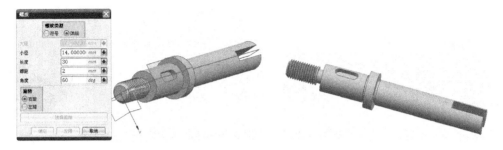，在"螺纹类型"区，选择"详细"单选按钮，选择圆柱面，弹出"螺纹"对话框，输入长度"30"、螺距"2"、角度"60"，选择起始位置为轴的左端面。单击"应用"按钮，结果如图 3-128 所示。

（7）隐藏草图和基准，并保存文件

完成阶梯轴零件的实体造型。如图 3-129 所示。

图 3-128　创建螺纹　　　　　　　图 3-129　阶梯轴零件的实体造型

3.4.3　任务拓展（轴承端盖实体建模）

完成如图 3-130 所示轴承端盖零件实体建模。

通过该实例的实体建模主要掌握的命令有：旋转实体建模、打孔、腔体、阵列等命令。

1. 打孔

UG NX 8.0 中孔特征包括常规孔、钻形孔、螺钉间隙孔、螺纹孔和孔系列 5 种类型。单击主菜单"插入"→"设计特征"→"孔"选项或单击"孔"图标 ，弹出如图 3-131 所示的"孔"对话框。

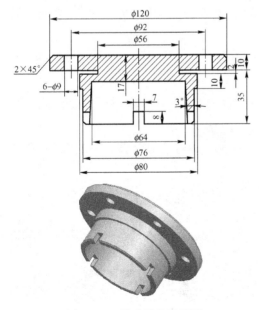

图 3-130　轴承端盖零件图

图 3-131　"孔"对话框

（1）常规孔　下面以常规孔中的简单孔为例，介绍孔的创建一般步骤。

1）在"孔"对话框的"类型"选项组中选择"常规孔","成形"选项中选择"简单"。

2）在"尺寸"选项组中输入孔的尺寸。

3）选择孔的放置面或指定点，弹出"草图点"对话框。

4）利用"草图工具"工具条中的尺寸约束对孔中心点位置定位。

5）完成草图平面，可以预览孔特征。单击"确定"按钮，完成孔的创建。如图 3-132 所示。

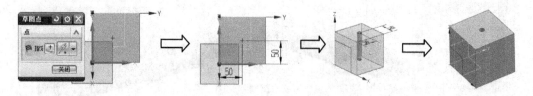

图 3-132　常规孔中的简单孔创建

同样方法可以创建简单孔中的沉头孔、埋头孔、锥形孔，分别如图 3-133、3-134、3-135 所示。

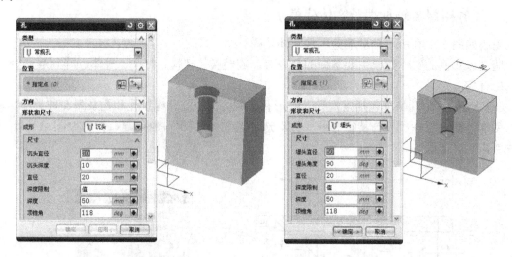

图 3-133　沉头孔 　　　　　　　　　　　　　图 3-134　埋头孔

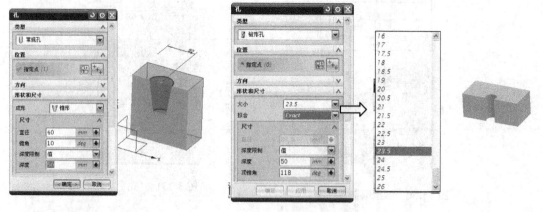

图 3-135　锥形孔 　　　　　　　　　　　　　图 3-136　钻形孔

（2）钻形孔　与常规孔的区别是，孔的直径不能随意输入，必须按钻头系列尺寸选取。其创建方法与简单孔类似，如图 3-136 所示。

（3）螺钉间隙孔　根据所选定的螺纹孔的大小，自动创建螺纹过孔。其创建方法与简单孔类似，如图 3-137 所示。

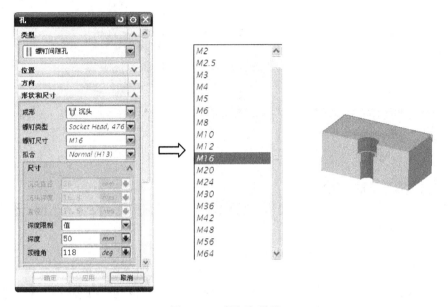

图 3-137　螺钉间隙孔

（4）螺纹孔　打孔后自动带螺纹，并且螺纹孔的尺寸只能按螺纹孔的系列选取。其创建方法与简单孔类似，如图 3-138 所示。

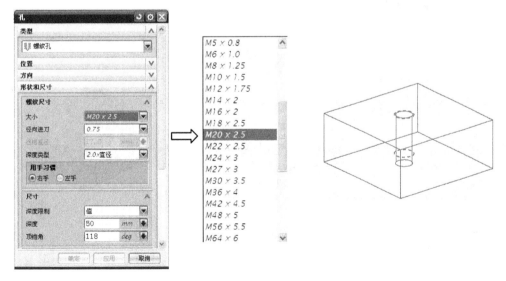

图 3-138　螺纹孔

（5）孔系列　根据所选的螺纹孔大小，在一系列板上创建螺钉过孔。创建方法与简单孔类似，如图 3-139 所示。

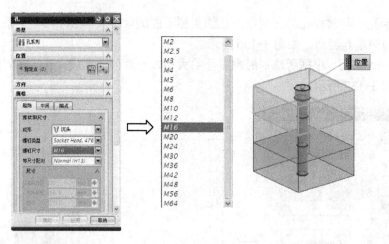

图 3-139　孔系列

2. 阵列（对特征形成图样）

有 7 种方式：线性、圆形、多边形、螺旋式、沿曲线、常规、参考。下面以线性和圆形为例介绍其创建方法。

（1）线性阵列

单击主菜单"插入"→"关联复制"→"对特征形成图样"或单击工具栏"对特征形成图样"图标，弹出"对特征形成图样"对话框，在"对特征形成图样"对话框中，选择小圆柱，布局选"线性"，方向 1 中指定矢量选边界 1，数量输入"5"，节距为"20"；方向 2 中指定矢量点选边界 2，数量输入"4"，节距为"25"，单击"确定"按钮。结果如图 3-140 所示。

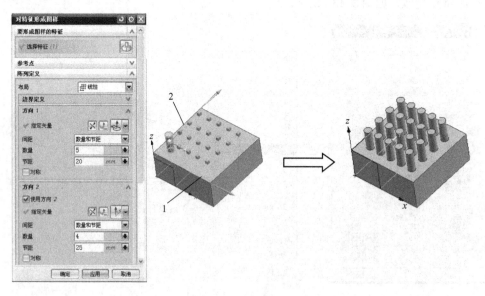

图 3-140　线性阵列

（2）圆形阵列

单击主菜单"插入"→"关联复制"→"对特征形成图样"或单击工具栏"对特征形成

图样"图标 ，弹出"对特征形成图样"对话框，在"对特征形成图样"对话框中，选择小圆柱，布局选"圆形"，旋转轴选"Z 轴"，指定点选原点，数量输入"12"，节距角输入"30"，单击"确定"按钮。结果如图 3-141 所示。

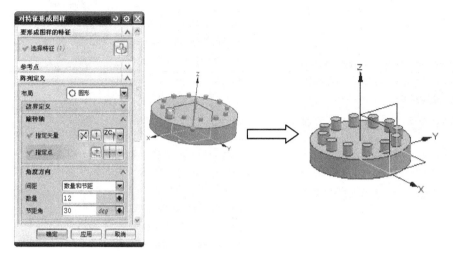

图 3-141　圆形阵列

轴承端盖实体建模设计步骤见表 3-3。

表 3-3　轴承端盖零件实体建模步骤

步　骤	绘 制 方 法	绘制结果图例
1. 绘制轴承端盖零件草图	在 X-Z 平面，创建轴承端盖零件草图并约束尺寸	
2. 旋转建模轴承端盖零件主体	选上步所绘制的草图旋转建模，得到轴承端盖零件主体	
3. 创建 6 个 φ9 孔	（1）选择打孔命令，类型选择常规孔，成形选"简单"，直径输入"9"，深度输入"20"，放置平面轴承端盖上表面，并约束打孔点的位置，完成草图后，单击"确定"按钮； （2）阵列：特征选 φ9 孔，布局选圆形，指定矢量选 Z 轴，指定点选原点，数量为 6、节距角为 60，单击"确定"按钮	
4. 倒斜角 2×45°	选择倒斜角命令，分别在轴承端盖的上、下两个圆的边界（即 1、2 位置）倒 2×45° 的斜角	

步　骤	绘 制 方 法	绘制结果图例
5. 创建 4 个槽	（1）选择腔体命令，类型选择矩形，放置平面选择端盖下环面，水平参考选择 *X* 方向，腔体尺寸长度输入"30"，宽度输入"7"，高度输入"8"。单击"确定"按钮； （2）阵列：特征选腔体孔，布局选圆形，指定矢量选 *Z* 轴，指定点选原点，数量为 4，节距角为 9，单击"确定"按钮，完成轴承端盖的实体建模	

3.4.4 任务实践

1. 完成图 3-142 所示的轴零件的实体建模。

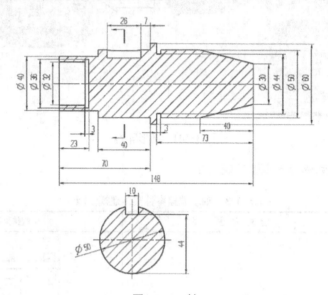

图 3-142　轴

2. 完成图 3-143 所示的盖零件的实体建模。

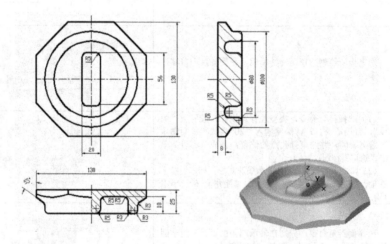

图 3-143　盖

3．完成图 3-144 所示的斜柱支座零件的实体建模。

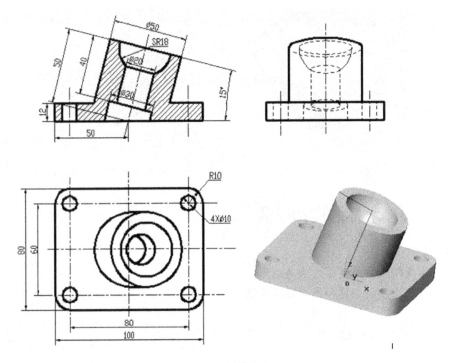

图 3-144　斜柱支座

4．完成图 3-145 所示的轴零件的实体建模。

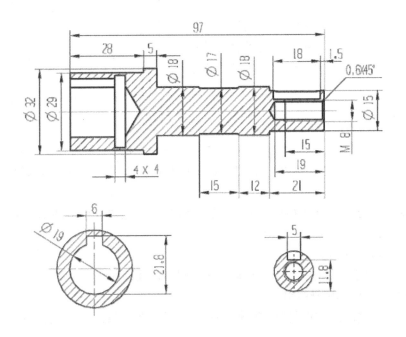

图 3-145　轴

5. 完成图 3-146 所示的碗的实体建模，自行设计尺寸。

图 3-146　碗

3.5　任务 4　水杯的实体建模

【学习目标】

1. 掌握旋转及扫掠建模方法与应用。
2. 掌握基准面的创建和布尔运算的运用。

【学习重点】

综合运用旋转及扫掠建模命令完成水杯的实体建模。

【学习难点】

掌握水杯的实体建模的技巧。

【学习内容】

完成如图 3-147 所示水杯的实体建模。

水杯实体的建模主要运用旋转建模和沿引导线扫掠建模等方法，基准面的创建及布尔运算等命令。

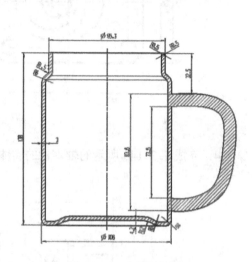

图 3-147　水杯零件图

3.5.1　知识链接

扫掠建模是将草图或二维曲线对象，沿指定的引导线扫掠形成的实体或片体。剖面线和引导线可以是任何类型的曲线，扫掠的方向是引导线的切线方向，扫掠的距离是引导线的长度。

1. 沿引导线扫掠

单击主菜单"插入"→"扫掠"→"沿引导线扫掠"选项或单击图标 ，弹出"沿引导线扫掠"对话框，如图 3-148 所示。

扫掠操作一般步骤如下。

1）在弹出"沿引导线扫掠"对话框后，选择线串作为剖面线串。

2）再选择线串作为引导线串。

3）在"偏置"选项组中设置扫掠的第一偏置值和第二偏置值，选择一种布尔操作，即完成扫掠。

2. 管道

管道是指将圆形剖面沿一条导线扫掠得到的实体，只需要画一条导线（导线可以是一段线，也可以是多段线相切组成的）不需要画截面线。在创建管道时需要输入管道的外直径和内直径，如果内径为 0，则为实心管道。单击主菜单"插入"→"扫掠"→"管道"选项或单击"管道"图标![icon]，弹出如图 3-149 所示的"管道"对话框。

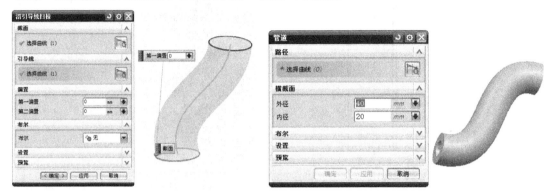

图 3-148　沿引导线扫掠　　　　　　　　　图 3-149　管道扫掠

各主要选项的含义如下。

1）外径：用于设置剖面曲线的外圆直径，外径不可以为 0。

2）内径：用于设置剖面曲线的内直径。

3.5.2　任务实施

水杯实体建模设计流程如图 3-150 所示。

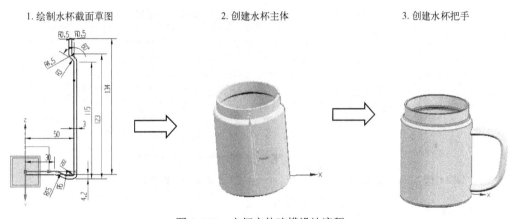

图 3-150　水杯实体建模设计流程

水杯实体建模方法与步骤如下。

1. 新建文件

在工具栏中，单击"新建"图标![icon]，创建一个文件名为"shuibei.prt"的模型文件。

2. 水杯实体建模

（1）创建水杯主体

1）在 X-Z 平面创建如图 3-151 所示草图。

2）单击主菜单"插入"→"设计特征"→"回转"命令，弹出"回转"对话框。点选草图截面线，轴点选 Z 轴，旋转角度的开始为 0，结束为 360，无布尔运算。单击"确定"按钮，得到如图 3-152 所示的杯体的主体。

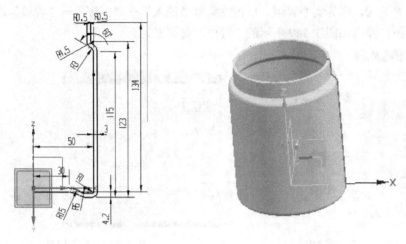

图 3-151　草图　　　　　　　　　　　图 3-152　杯体的主体

（2）创建杯把手

1）在 X-Z 平面创建如图 3-153 所示水杯把手样条草图曲线作为扫掠引导线。

2）利用"点和方向"方法创建基准平面 1，为画把手截面线做准备，如图 3-154 所示。

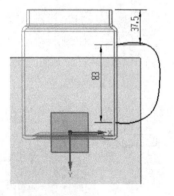

图 3-153　扫掠引导线　　　　　　　　图 3-154　创建基准平面 1

3）在基准平面 1 上绘制把手椭圆截面（长半轴为 10，短半轴为 5）的草图曲线，如图 3-155 所示。

4）单击主菜单"插入"→"扫掠"→"沿引导线扫掠"选项，弹出"沿引导线扫掠"对话框。在"截面"选项组中单击"曲线"，选择椭圆作为截面曲线。在"引导线"选项组中单击"曲线"，选择图中的样条曲线作为引导线串。分别设置第一偏置值和第二偏置值为"0"。布尔运算为"求和"，单击"确定"按钮，即可完成扫掠操作，效果如图 3-156 所示。

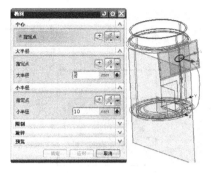

图 3-155　创建把手椭圆截面

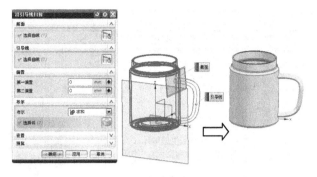

图 3-156　沿引导线扫掠创建水杯把手

3.5.3　任务拓展（手摇柄实体建模）

完成如图 3-157 所示手摇柄零件实体建模。

图 3-157　手摇柄零件实体图

通过该实例的实体建模主要掌握的命令有：球体、圆柱体、拉伸实体建模、沿引导线扫掠实体建模、实体边倒圆角及倒斜角等。

手摇柄零件实体设计步骤见表 3-4。

表 3-4　手摇柄零件实体建模

步　骤	绘 制 方 法	绘制结果图例
1. 创建手摇柄主体	（1）在 Y-Z 平面，创建手摇柄主体截面草图并约束尺寸，如图 a 所示； （2）在 X-Y 平面创建手摇柄主体扫掠引导线（用艺术样条线），如图 b 所示； （3）扫掠手柄主体，如图 c 所示	a) b) c)

步　骤	绘制方法	绘制结果图例
2．创建手摇柄左端	（1）在左端生成球体（直径为 50，中心为原点），如图 a 所示； （2）在 Y-Z 平面绘制草图，如图 b 所示； （3）对称拉伸 25（求差），如图 c 所示； （4）创建方孔 20×20，如图 d 所示	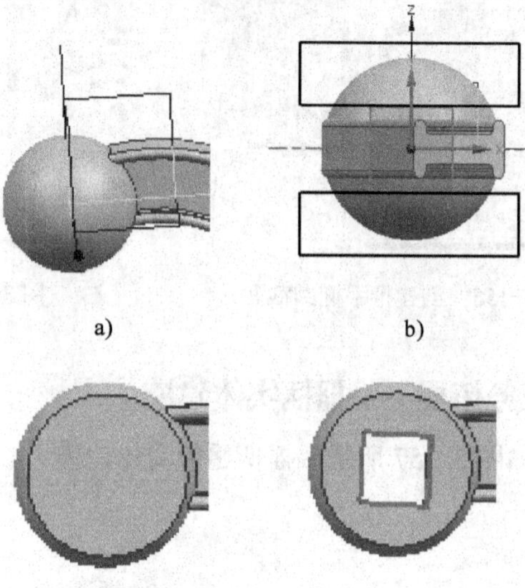 a)　　　　　　b) c)　　　　　　d)
3．创建手摇柄右端	（1）在手摇柄右端 X-Y 平面创建直径为 40 的圆，如图 a 所示； （2）对称拉伸 15，如图 b 所示； （3）创建长 50 圆柱，直径为 20 的手把，如图 c 所示； （4）创建球体直径为 20 的手把球头，如图 d 所示	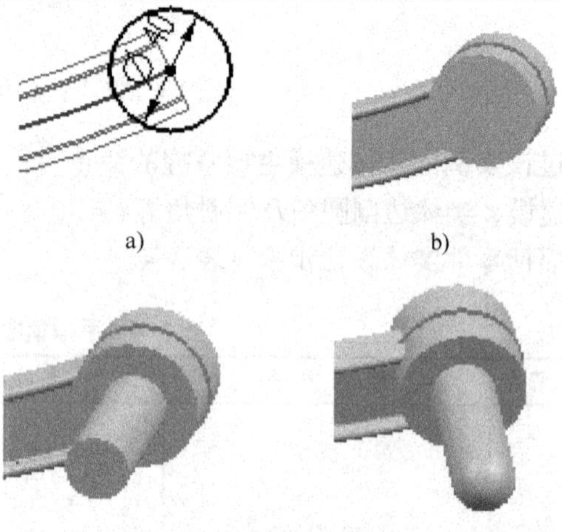 a)　　　　　　b) c)　　　　　　d)
4．倒斜角	方孔两端倒 2×2 斜角	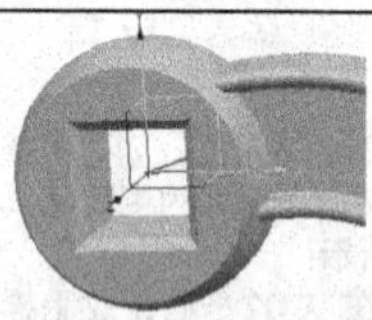
5．倒圆角	（1）除方孔外，左、右两端棱边倒 R2 的圆角； （2）隐藏所有基准和草图，完成手摇柄的实体建模	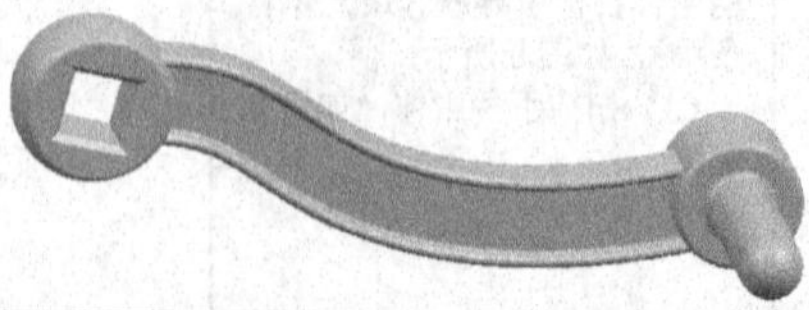

3.5.4　任务实践

完成下列零件的实体建模。

1. 自行设计图 3-158 所示的衣架，要求尺寸比例合适。
2. 自行设计图 3-159 所示的地球仪，要求尺寸比例合适。

图 3-158　衣架　　　　　　　　　　　　　　图 3-159　地球仪

3.6　任务 5　三通零件实体建模

【学习目标】

1. 掌握创建圆柱体、矩形垫块、凸台、镜像特征、打孔、抽壳、边倒圆等特征方法与应用。

2. 掌握基准面的创建和布尔运算的运用。

【学习重点】

综合运用圆柱体、矩形垫块、凸台、镜像特征、打孔、抽壳、边倒圆等命令完成三通零件实体建模。

【学习难点】

掌握三通零件实体建模的技巧。

【学习内容】

完成如图 3-160 所示的三通零件实体建模。

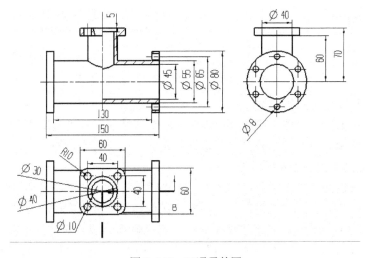

图 3-160　三通零件图

3.6.1 知识链接

1. 抽壳

抽壳是将实体创建成薄壁体，有两种类型，分别是移除面然后抽壳和对所有面抽壳。

单击主菜单"插入"→"偏置/缩放"→"抽壳"或选择工具栏"抽壳"图标 ，弹出"抽壳"对话框，如图 3-161 所示。

（1）移除面然后抽壳

单击主菜单"插入"→"偏置/缩放"→"抽壳"或选择工具栏"抽壳"图标 ，弹出"抽壳"对话框。在类型下拉列表中选"移除面，然后抽壳"，要穿透的面中点选上表面，厚度输入"5"，单击"应用"按钮。结果如图 3-162 所示。

（2）对所有面抽壳（成型中间空的薄壁体）

图 3-161 "抽壳"对话框

单击主菜单"插入"→"偏置/缩放"→"抽壳"或选择工具栏上的"抽壳"图标 ，弹出"抽壳"对话框。在类型中选"对所有面抽壳"，要抽壳的实体选择矩形块，厚度输入"5"，单击"应用"按钮。结果如图 3-163 所示。

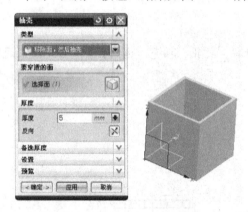

图 3-162 移除面，然后抽壳结果

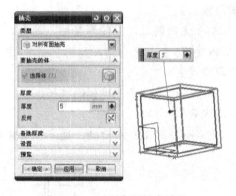

图 3-163 对所有面抽壳结果

2. 边倒圆

分为等半径和变半径两种类型。

（1）等半径边倒圆　单击主菜单"插入"→"细节特征"→"边倒圆"或选择工具栏上的"边倒圆"图标 ，弹出"边倒圆"对话框，选择边中点选实体的边界，输入半径，单击"应用"按钮，得到如图 3-164 所示的结果。

（2）变半径边倒圆　单击主菜单"插入"→"细节特征"→"边倒圆"或选择工具栏上的"边倒圆"图标 ，弹出"边倒圆"对话框，在选择边中点选实体的边界，在"可变半径点"栏中，指定新的位置点，单击端点图标 ，选择矩形体边界左端点，输入半径"15"，再选择矩形体边界右端点，输入半径"30"，单击"应用"按钮，得到如图 3-165 所示的结果（也可以通过控制线段的百分比，输入不同的半径，达到变半径圆弧过渡）。

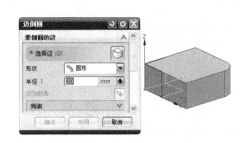
图 3-164　等半径边倒圆结果

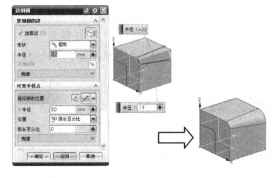
图 3-165　变半径边倒圆结果

3．拆分体

拆分体用一个基准平面将实体拆分成两部分。

单击主菜单"插入"→"修剪"→"拆分体"选项或单击工具栏"拆分体"图标，弹出"拆分体"对话框，点选要拆分的体和拆分工具的基准平面，单击"确定"按钮，得到如图 3-166 所示的结果。

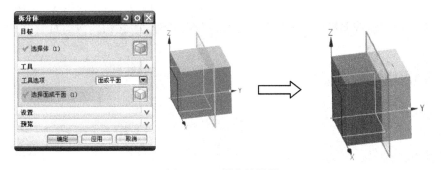
图 3-166　拆分体结果

4．修剪体

修剪体用一个基准平面将实体修剪掉一部分。

单击主菜单"插入"→"修剪"→"修剪体"选项或单击"修剪体"图标，弹出"修剪体"对话框，点选要修剪的体和修剪工具的基准平面，单击"确定"按钮，得到如图 3-167 所示的结果。

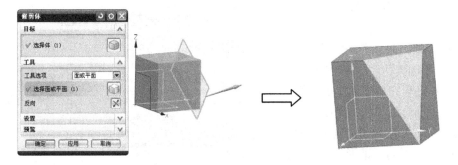
图 3-167　修剪体结果

5. 像特征镜

单击主菜单"插入"→"关联复制"→"镜像特征"选项或单击"镜像特征"图标，弹出"镜像特征"对话框，点选要镜像的特征和镜像平面，单击"确定"按钮，得到如图 3-168 所示的结果。

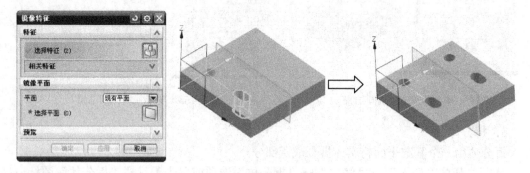

图 3-168　镜像特征结果

6. 镜像体

单击主菜单"插入"→"关联复制"→"镜像体"选项或单击"镜像体"图标，弹出"镜像体"对话框，点选要镜像的体和镜像平面，单击"确定"按钮，得到如图 3-169 所示的结果。

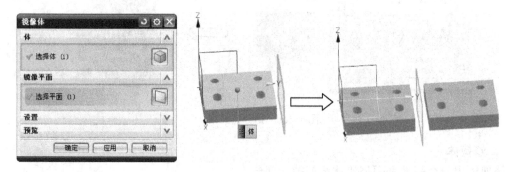

图 3-169　镜像体结果

7. 凸台

单击主菜单"插入"→"设计特征"→"凸台"选项或单击"凸台"图标，弹出如图 3-170 所示的"凸台"对话框。

（1）各主要选项含义

1）选择步骤：即选择平的放置面。放置面是指从实体上开始创建凸台的平面或基准面。

2）直径：凸台在放置面上的直径。

3）高度：凸台沿轴线的高度。

4）锥角：若指定为 0，则为圆柱形凸台。若指定为非 0 值，则为圆锥形凸台。正的角度值为向上收缩（即在放置面上的直径最大），负的角度

图 3-170　"凸台"对话框

134

为向上扩大（即在放置面上的直径最小）。

（2）凸台创建的一般步骤

1）选择放置面。

2）设置凸台的形状参数，单击"应用"按钮。

3）弹出"定位"对话框，定位凸台在放置面的位置，如图 3-171 所示。

4）单击"确定"按钮，创建的凸台特征如图 3-172 所示。

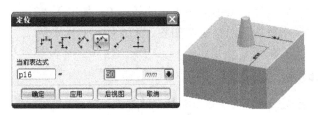

图 3-171　凸台定位　　　　　　　　　　　　　　图 3-172　凸台特征

8．垫块

垫块类型有矩形和常规两种，下面以"矩形垫块"为例说明其创建方法。

1）单击主菜单"插入"→"设计特征"→"垫块"选项或单击工具栏"垫块"图标，弹出"垫块"对话框，如图 3-173 所示。

2）在"垫块"对话框中选择"矩形"，弹出"矩形垫块"对话框用于放置位置，如图 3-174 所示。

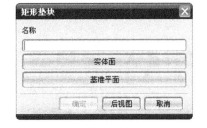

图 3-173　"垫块"对话框　　　　　　　　　　图 3-174　"矩形垫块"对话框

3）在视图区实体上选择放置面和水平参考对象后，会打开如图 3-175 所示的"矩形垫块"对话框。

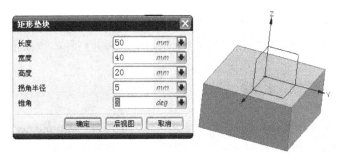

图 3-175　"矩形垫块"对话框

"矩形垫块"对话框中各选项含义如下。

① 长度：用于设置矩形垫块沿水平参考方向的尺寸。如输入"50"。

② 宽度：用于设置矩形垫块沿垂直方向的尺寸。如输入"40"。

③ 高度：用于设置矩形垫块的深度。如输入"20"。

④ 拐角半径：用于设置矩形垫块高度方向直边处的拐角半径，其值必须大于或等于 0 并且必须大于或等于部面半径。如输入"5"。

⑤ 锥角：用于设置矩形垫块的倾斜角度，其值必须大于或等于0。如输入"3"。

4）单击"确定"按钮，弹出"矩形垫块"对话框，如图 3-176 所示。

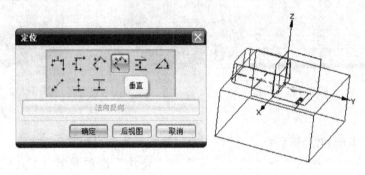

图 3-176　矩形垫块的"定位"对话框

5）选择垂直定位，选择坐标轴（或实体边线）与槽的基准线（中线），输入所要的定位尺寸，单击"确定"按钮，得到如图 3-177 所示的结果。

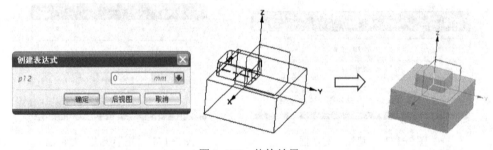

图 3-177　垫块结果

3.6.2　任务实施

三通零件实体建模设计流程如图 3-178 所示。

①创建两个直插圆柱；②抽壳；③创建上部矩形凸缘并打孔；④在水平套两端创建凸台并打孔。

三通零件实体建模方法与步骤如下。

1. 新建文件

在工具栏中，单击"新建"图标，创建一个文件名为"santong.prt"的模型文件。

2. 三通零件实体建模

（1）创建两个直插圆柱并抽壳

1）创建水平圆柱，矢量方向选 X 方向，定位点为（-65，0，0），直径输入"55"，高度输入"130"。单击"应用"按钮，得到如图 3-179 所示的结果。

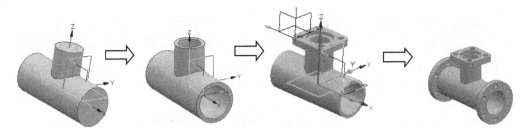

图 3-178　三通零件实体建模设计流程

2）创建竖直圆柱，矢量方向选 Z 方向，定位点为（0，0，0），直径输入"40"，高度输入"40"。单击"应用"按钮，得到如图 3-180 所示的结果。

图 3-179　创建水平圆柱

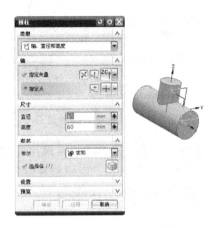

图 3-180　创建竖直圆柱

3）抽壳：在"抽壳"对话框中的类型中选择"移除面然后抽壳"，点选圆柱的 3 个平面，厚度输入"5"，单击"应用"按钮，得到如图 3-181 所示的结果。

（2）创建上部矩形凸缘

1）创建矩形垫块，长度为"60"，宽度为"60"，高度为"10"，定位在竖直套中心。单击"确定"按钮，得到如图 3-182 所示的结果。

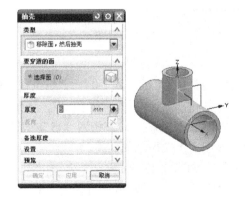

图 3-181　抽壳

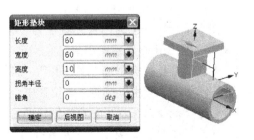

图 3-182　创建矩形垫块

2）对矩形垫块进行"边倒圆"，半径为"10"。单击"应用"按钮，得到如图 3-183 所示的结果。

（3）对垫块进行"打孔"

1）中心处打沉头孔。类型选"常规孔"，成形选"沉头"，尺寸输入：沉头直径为 40，沉头深度为"5"，直径为"30"，深度为"20"。单击"应用"按钮，定位在中心。得到如图 3-184 所示的结果。

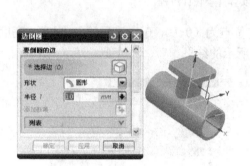

图 3-183　矩形垫块边倒圆

图 3-184　中心处打沉头孔

2）4 角处打孔。类型选"常规孔"，成形选"简单"，尺寸输入：直径为"10"，深度为"15"。单击"应用"按钮，定位位置距中心坐标轴 X、Y 都为"20"（通过草图中尺寸约束来实现）。得到如图 3-185 所示的结果。

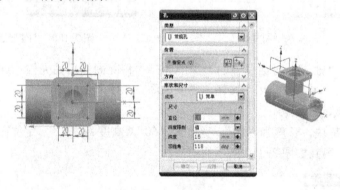

图 3-185　4 角处打孔

（4）在水平套两端创建凸台并打孔

1）在水平套右端创建凸台：直径为"80"，高度为"10"，锥角为"0"，并定位在套的圆心。得到如图 3-186 所示的结果。

2）中心处打孔。类型选"常规孔"，形状选"简单"，尺寸输入：直径为"45"，沉头深度为"15"，单击"应用"按钮，定位在中心。得到如图 3-187 所示的结果。

3）通过特征镜像在水平套左端创建凸台和中心孔。如图 3-188 所示。

4）在凸缘处打孔。类型选"常规孔"，成形选"简单"，尺寸输入：直径为"8"，深度为"15"，单击"应用"按钮，定位位置距中心坐标轴 X 为 32.5、Y 为 0（通过草图中尺寸约束来实现）。得到如图 3-189 所示的结果。

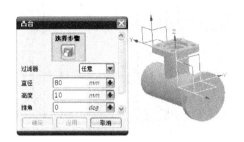

图 3-186 右端创建凸台

图 3-187 右端凸台中心处打孔

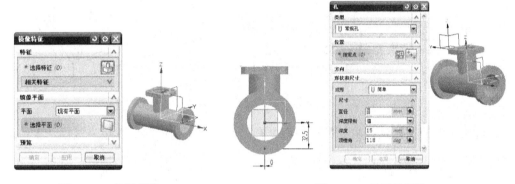

图 3-188 特征镜像   图 3-189 凸缘处打孔

5）圆形阵列φ8 小孔。单击主菜单"插入"→"关联复制"，选择"对特征形成图样"，弹出"对特征形成图样"对话框，阵列特征选择φ8 小孔，布局选"圆形"，旋转轴选 X 轴，数量为"6"，节距角为"60"，单击"应用"按钮，得到如图 3-190 所示的结果。

6）用同样方法创建左端面的 6 个φ8 的小孔。隐藏基准坐标系，完成三通零件的实体建模。结果如图 3-191 所示。

图 3-190 圆形阵列φ8 小孔

图 3-191 三通零件实体

3.6.3 任务拓展（型腔零件实体建模）

完成如图 3-192 所示型腔零件实体建模。

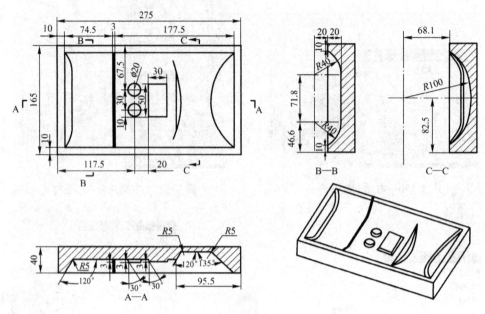

图 3-192　型腔零件图

通过该实例的实体建模主要掌握的命令有：长方体、拉伸实体建模、拔模、实体边倒圆等。

拔模：其类型有 4 种，分别是从平面、从边、与多个面相切和至分型边。

单击主菜单"插入"→"细节特征"→"拔模"或选择工具栏上的"拔模"图标 ，弹出如图 3-193 所示"拔模"对话框。

图 3-193　"拔模"对话框

（1）从平面拔模

选择主菜单"插入"→"细节特征"→"拔模"或选择工具栏上的"拔模"图标 ，

弹出"拔模"对话框。在类型中选"从平面"，脱模方向为 Z 轴，固定面选择上表面，要拔模的面选择左侧面，输入拔模角度为"30"。单击"应用"按钮。结果如图 3-194 所示。

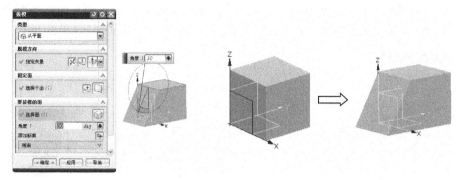

图 3-194　从平面拔模

（2）从边拔模

单击主菜单"插入"→"细节特征"→"拔模"或选择工具栏上的"拔模"图标 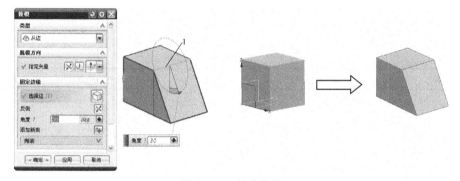，弹出"拔模"对话框。在类型中选"从边"，脱模方向为 Z 轴，固定边缘选择上边 1，拔模面选择前面，输入拔模角度为"30"。单击"应用"按钮。结果如图 3-195 所示。

图 3-195　从边拔模

（3）与多个面相切拔模

单击主菜单"插入"→"细节特征"→"拔模"或选择工具栏上的"拔模"图标 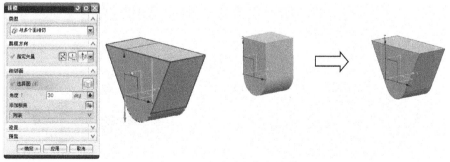，弹出"拔模"对话框。在类型中选"与多个面相切"，脱模方向为-Z 轴，相切面选择前面，输入拔模角度为"30"。单击"应用"按钮，结果如图 3-196 所示。

图 3-196　与多个面相切拔模

（4）至分型边拔模

单击主菜单"插入"→"细节特征"→"拔模"或选择工具栏中的"拔模"图标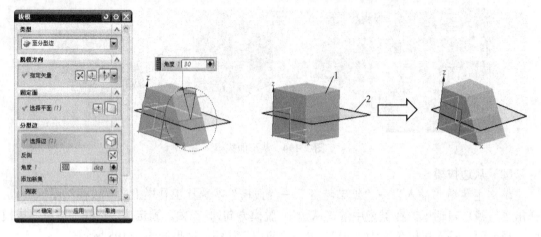，弹出"拔模"对话框。在类型中选"至分型边"，脱模方向为 Z 轴，固定面选基准平面 2，分型边选上边 1，输入拔模角度"30"。单击"应用"按钮，结果如图 3-197 所示。

图 3-197　至分型边拔模

型腔零件实体建模步骤见表 3-5。

表 3-5　型腔零件实体建模

步　骤	绘 制 方 法	绘制结果图例
1. 创建型腔主体毛坯	创建长为 275、宽为 165、高为 40 的长方体；定位点为原点	
2. 创建型腔	（1）在 Y-Z 平面绘制草图，如图 a 所示；	a)
	（2）拉伸建模起始距离为 10，结束距离为 265，布尔运算为求差，如图 b 所示；	b)

步　骤	绘 制 方 法	绘制结果图例
2．创建型腔	（3）在右端面绘制草图，如图 c 所示；	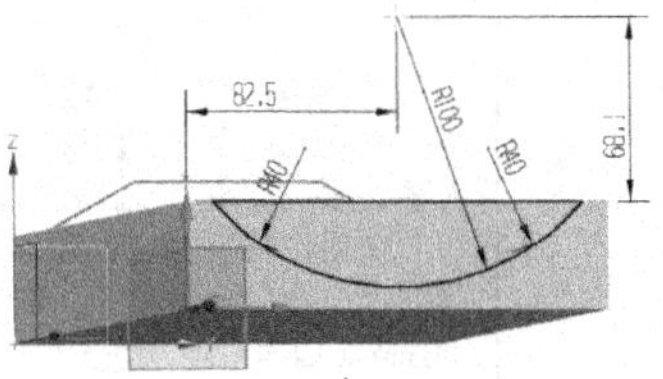 c)
	（4）拉伸建模起始距离为 10，结束距离为 95.5，布尔运算为求差，如图 d 所示	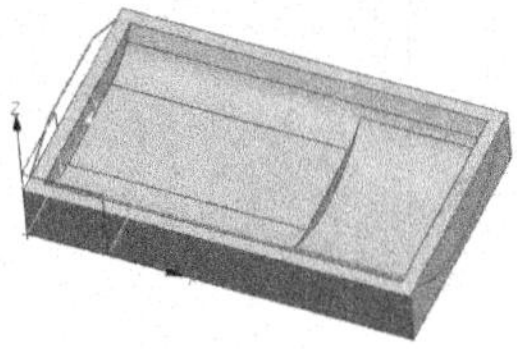 d)
3．创建型腔内的隔断	（1）创建与型腔左端面相距 74.5 的基准平面 1，如图 a 所示；	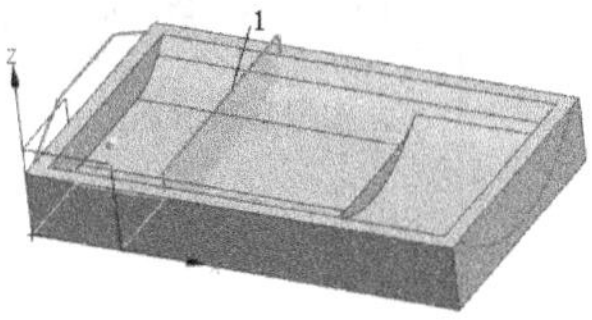 a)
	（2）在基准平面 1 上通过曲线投影及曲线偏置等方法绘制隔断草图，如图 b 所示；	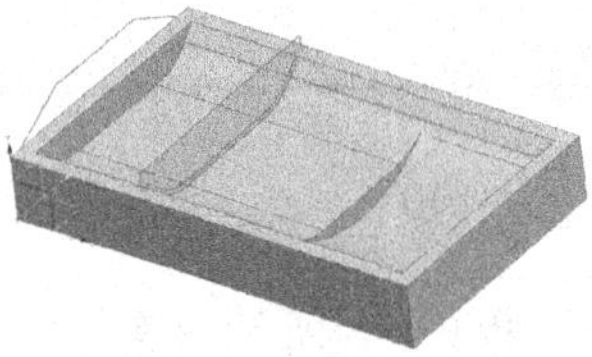 b)
	（3）拉伸建模起始距离为 0，结束距离为 3，布尔运算为求和，如图 c 所示	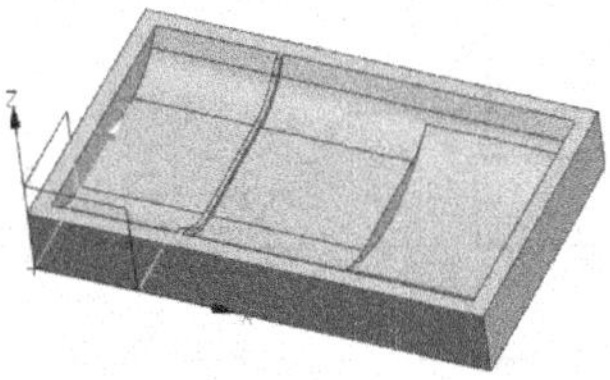 c)
4．创建型腔底部凸台和凸块	（1）创建两个 $\phi20$、高为 3、锥角为 30° 的凸台，并按图的要求定位。如图 a 所示；	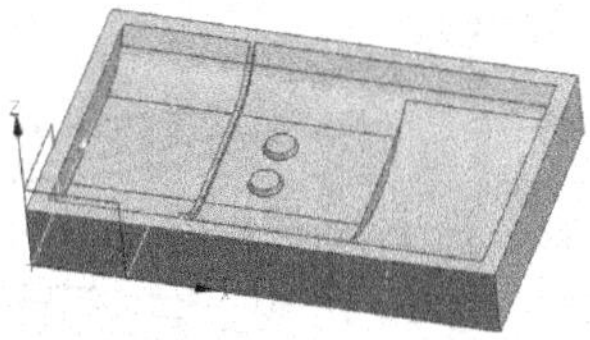 a)
	（2）创建矩形凸块、高为 3、锥角为 30° 的凸台，并按图的要求定位。如图 b 所示	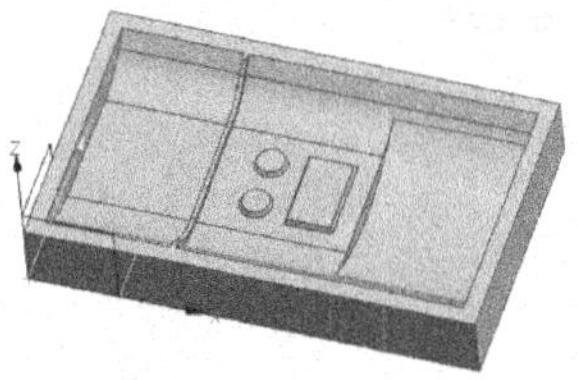 b)

步　骤	绘　制　方　法	绘制结果图例
5．拔模并边倒圆角	（1）拔模：类型：选择"从边"拔模，拔模方向为 Z 轴正向，固定边选择实体边界 1，角度为 30°，单击"应用"按钮，将型腔左侧面拔模，同理选择固定边为实体边界 2，角度为 30°，选择固定边为实体边界 3，角度为 45°，完成型腔另外两个侧面的拔模。如图 a 所示； （2）边倒圆角：将 1、2、3 处的棱边倒 R5 的圆角，完成型腔零件实体造型，如图 b 所示	a) b)

3.6.4　任务实践

1．完成图 3-198 所示的连杆零件的实体建模。

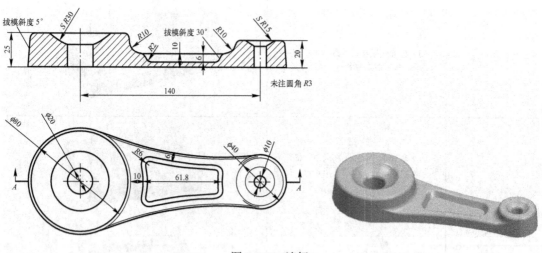

图 3-198　连杆

2. 完成如图 3-199 所示的注油零件的实体建模,自行设计尺寸。

图 3-199　注油零件

3. 完成图 3-200 所示的底座零件的实体建模。

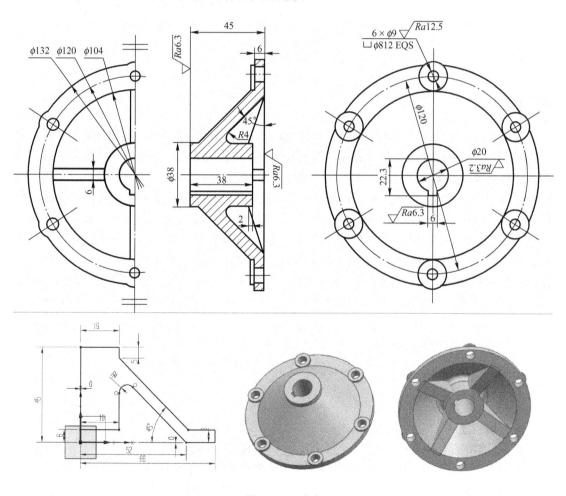

图 3-200　底座

4. 完成图 3-201 所示的壳体零件的实体建模。

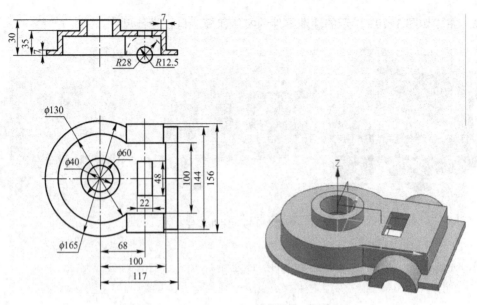

图 3-201　壳体

项目小结

通过本项目的学习，掌握实体及特征建模的方法与技巧。熟练使用实体及特征建模各种命令及布尔运算完成典型零件的建模，掌握基准特征的创建方法，通过各个任务的学习，掌握基本体素（长方体、圆柱体、圆锥体、球体）的创建方法、布尔运算方法及综合应用；扫描特征（拉伸、旋转、扫掠、管道）的创建方法及应用；成型特征（孔、凸台、垫块、腔体、键槽、沟槽、螺纹等）的创建方法及应用；细节特征（倒圆角、倒斜角、拔模等）的创建方法及应用；关联复制（阵列、镜像特征、镜像体等）的创建方法及应用；修剪（修剪体、拆分体等）的创建方法及应用；偏置/缩放（抽壳、加厚、缩放体等）的创建方法及应用；同步建模（移动面、拉出面、替换面等）的创建方法及应用；特征编辑（编辑特征参数、可回滚编辑、编辑定位等）的创建方法及应用。在学习过程中应注重通过范例来体会实体建模思路和步骤，学会举一反三。实体建模是 UG 软件的基础和核心，学习好实体建模，对学习其他模块也会起到重要的作用。

项目考核

一、填空题

1．基准特征的种类有：＿＿＿＿＿＿、＿＿＿＿＿＿、基准坐标系和基准点。

2．＿＿＿＿＿＿是一个可以为其他特征提供参考的无限大的辅助平面。

3．直接生成实体的方法一般称为＿＿＿＿＿＿，基本体素特征包括＿＿＿＿＿＿、＿＿＿＿＿＿、圆锥体、球体等。

4．在进行实体求差操作时，＿＿＿＿＿＿是被执行布尔运算的实体，而刀具体是在目标体上执行操作的实体。

5. 拉伸建模是将草图或二维曲线对象，沿_____拉伸到某一指定的位置所形成的实体或片体。

6. 旋转建模是将草图或二维曲线对象，绕_____及指定点旋转一定的角度而形成的实体或片体。

7. 扫掠建模是将草图或二维曲线对象，沿_____扫掠形成的实体或片体。

8. 抽壳是将实体创建成薄壁体，类型有两种：1._____和 2._____。

9. 孔特征在实体特征中是成型孔，类型有_____、钻形孔、螺钉间隙孔、_____和孔系列孔 5 种类型。

二、选择题

1. 在创建螺纹时，_____是指在实体上以虚线来显示创建的螺纹，而不是真实显示的螺纹实体特征。

    A．粗牙螺纹   B．详细螺纹   C．符号螺纹   D．细牙螺纹

2. _____是从实体模型上临时移除一个或多个特征，即取消它们的显示。

    A．隐藏特征   B．抑制特征   C．删除特征   D．拭除特征

3. _____特征只能在圆柱面或圆锥面上创建，其类型有：矩形、球形断槽、U 形槽 3 种。

    A．孔特征   B．键槽特征   C．割槽特征   D．腔体特征

4. _____将实体一分为二，两侧都保留。

    A．修剪   B．修剪特征   C．分割体   D．拆分体

5. _____通过编辑尺寸、添加尺寸、删除尺寸的方式来改变特征的位置。

    A．移动特征   B．改变特征   C．编辑位置   D．替换特征

6. 抽壳操作时，抽壳所有面与移除面然后抽壳操作不同，它是一种通过选取_____进行抽壳的操作方式。

    A．片体   B．实体表面   C．实体   D．曲面

三、判断题（错误的打×，正确的打√）

1. 基准平面是一个可以为其他特征提供参考的无限大的辅助平面。（   ）

2. 实体边倒圆，只能进行等半径过渡。（   ）

3. 凸台功能只能在实体的某个平面上创建圆柱形凸台。（   ）

4. 在旋转建模时，同一草图对象，指定的旋转轴矢量方向相同，但指定的旋转基点不同，所形成的实体或片体的结果不同。（   ）

5. 在实体建模中，如果草图或二维曲线不封闭，拉伸得到的结果一定是片体。（   ）

四、问答题

1. 简述实体建模的步骤。

2. 基准特征有哪几种？列举 5 种基准平面的常用创建方法。

3. 什么是基本体素？基本体素有哪几种？

五、完成下列零件的实体建模

1. 完成图 3-202 所示的弯头零件的实体建模。

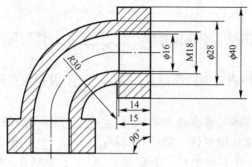

图 3-202　弯头

2．完成图 3-203 所示的支座零件的实体建模。

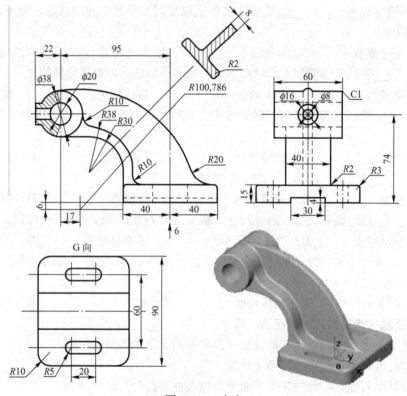

图 3-203　支座

3．完成图 3-204 所示的篮筐的实体建模，尺寸自行设计。

图 3-204　篮筐

4. 完成图 3-205 所示的泵体零件的实体建模。

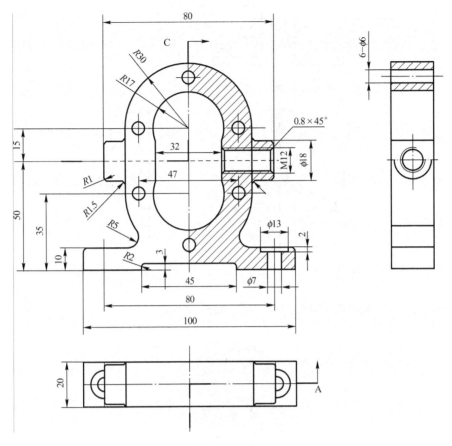

图 3-205　泵体

5. 完成图 3-206 所示的支座零件的实体建模。

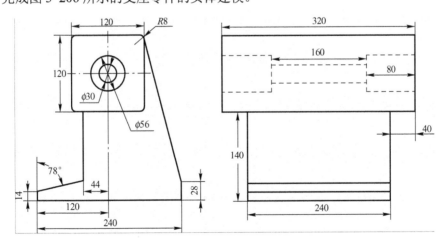

图 3-206　支座

6. 完成图 3-207 所示的轮架零件的实体建模。

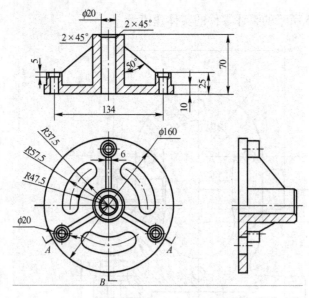

图 3-207 轮架

7. 完成图 3-208 所示的钟表的建模，尺寸自行设计。

图 3-208 钟表

项目4　曲线曲面建模

UG NX 8.0 中的曲面设计模块主要用于设计形状复杂的零件。在进行产品设计时，对于形状比较规则的零件，利用实体特征的造型方式快捷而方便，基本能满足造型的需要。但对于形状复杂的零件，实体特征的造型方法就显得力不从心，有很多局限性，难以胜任，而 UG 自由曲面构造方法繁多、功能强大、使用方便，提供了强大的弹性化设计方式，成为三维造型技术的重要组成。实际生产中，设计复杂的零件时，可以采用自由形状特征直接生成零件实体，也可以将自由形状特征与实体特征相结合在所有的三维建模中完成。曲线是构建模型的基础。曲线构造质量的优劣直接关系到生成曲面和实体的质量好坏。UG NX 8.0 提供了强大的曲面特征建模及相应的编辑和操作功能。本项目主要内容包括：空间曲线的创建和编辑；曲面的创建和编辑。

【能力目标】

    1. 熟练掌握常用空间曲线创建和编辑的方法和步骤。

    2. 熟练掌握常用曲面创建和编辑的方法和步骤。

【知识目标】

    1. 常用空间曲线的创建和编辑。

    2. 常用空间曲面的创建和编辑。

    3. 利用空间曲线和空间曲面的方法进行典型零件的造型设计。

【知识链接】

4.1　曲线曲面建模基础知识

4.1.1　"曲线"工具条

在三维建模中应用曲线功能可以创建任意复杂的三维线架，而 UG NX 软件为基础曲线功能提供了许多便捷的创建方法，可以根据大概形状绘制轮廓，也可以通过对话框精确地创建轮廓，还可以在创建轮廓过程中通过选择箭头方向调整创建位置。基础曲线功能包括直线、圆弧、圆、矩形、椭圆和曲线等，如果能够灵活运用基础曲线功能提供的绘制方法，就能绘制出不同结构的三维轮廓。如图 4-1 所示为"曲线"工具条。

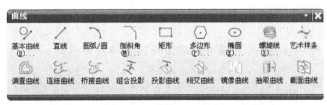

图4-1　"曲线"工具条

4.1.2 曲面的概念及"曲面"工具条

1. "曲面"工具条

在进行产品设计时，对于形状比较规则的零件，利用实体特征的造型方式快捷而方便，基本能满足造型的需要。但对于形状复杂的零件，实体特征的造型方法就显得力不从心，有很多局限性，难以胜任，而 UG 自由曲面构造方法繁多、功能强大、使用方便，提供了强大的弹性化设计方式，成为三维造型技术的重要组成。如图 4-2 所示为"曲面"工具条。

图 4-2 "曲面"工具条

2. 曲面的概念及构造曲面的一般原则

（1）曲面的基本概念

1）实体、片体和曲面。

在 UG 中，构造的物体类型有 2 种：实体与片体。实体是具有一定体积和质量的实体性几何特征。片体是相对于实体而言的，它只有表面，没有体积，并且每一个片体都是独立的几何体，可以包含一个特征，也可以包含多个特征。

① 实体：具有厚度，由封闭表面包围的具有体积的物体。

② 片体：厚度为 0，没有体积存在的物体。

③ 曲面：任何片体、片体的组合以及实体的所有表面。

2）曲面的 U、V 方向（如图 4-3 所示）。

在数学上，曲面是用两个方向的参数定义的：行方向由 U 参数定义，列方向由 V 参数定义。对于"通过点"的曲面，大致具有同方向的一组点构成了行方向，与行大约垂直的一组点构成了列方向。对于"直纹面"和"通过曲线"的生成方法，曲线方向代表了 U 方向，如图 4-3a 所示。对于"通过曲线网格" 的生成方法，曲线方向代表了 U 方向和 V 方向，如图 4-3b 所示。

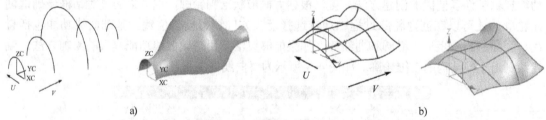

图 4-3 曲面的 U、V 方向

3）曲面的阶次。

曲面的阶次类似于曲线的阶次，是一个数学概念，用来描述片体的多项式的最高阶次

数，由于片体具有 U、V 两个方向的参数，因此，需分别指定阶次数。在 UG NX 中，片体在 U、V 方向的次数必须介于 2～24，但最好采用 3 阶次，称为双三次曲面。曲面的阶次过高会导致系统运算速度变慢，甚至在数据转换时，容易发生数据丢失等情况。

（2）构造曲面的一般原则

在 UG NX 8.0 中，使用曲面功能设计产品外形时，一般应遵循以下原则。

1）用于构造曲面的曲线尽可能简单，曲线阶次数<3。

2）用于构造曲面的曲线要保证光顺连续，避免产生尖角、交叉和重叠。

3）曲面的曲率半径尽可能大，否则会造成加工困难和复杂。

4）曲面的阶次尽量选择三次，避免使用高次曲面。

5）避免构造非参数化特征。

6）如有测量的数据点，建议可先生成曲线，再利用曲线构造曲面。

7）根据不同三维零件的形状特点，合理使用各种曲面构造方法。

8）设计薄壳零件时，尽可能采用修剪实体，再用抽壳方法进行创建。

9）面之间的圆角过渡尽可能在实体上进行操作。

10）内圆角半径应略大于标准刀具半径，以方便加工。

4.1.3 曲线曲面建模的步骤

1．新建一个模型文件。

2．利用曲线及曲线编辑工具条绘制三维线架。

3．利用曲面及曲面编辑工具条绘制曲面。

4．利用曲面缝合或曲面加厚等功能完成实体化建模。

4.2 任务 1 立体五角星线架及曲面建模

【学习目标】

1．掌握点、直线、多边形、圆及圆弧等命令的应用与操作方法。

2．掌握修剪曲线、分割曲线等编辑命令的应用与操作方法。

3．掌握直纹、有界平面、修剪片体、缝合命令的应用与操作方法。

【学习重点】

综合运用各种命令绘制立体五角星曲线空间及曲面建模。

【学习难点】

掌握立体五角星的绘制技巧。

完成如图 4-4 所示的立体五角星（五角星的外接圆半径为 100）线架及曲面建模。

通过该实例的草图绘制主要掌握的命令有：直线、多边形、圆、快速修剪、通过曲线组、有界平面、修剪片体、缝合。

4.2.1 知识链接

1．直线的绘制

在 UG NX 中，直线是指通过两个指定点绘制而成的轮廓线，其具体参数可以通过"直线"对话框控制或者直接输入数据，也可以拖动直线上控制点自由地进行调整，它作为一种基本的构造图元，在空间中无处不在。

　　单击"曲线"工具条中的"直线"按钮／，弹出"直线"对话框，如图 4-5 所示，其下拉列表选项说明见表 4-1。

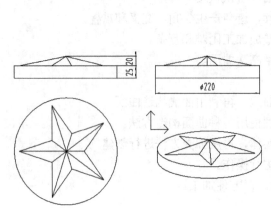

图 4-4　立体五角星示意图

图 4-5　"直线"对话框

表 4-1　"直线"对话框下拉列表框的选项说明

名　　称	应 用 说 明
自动判断	自动判断直线的起始或结束点。在"起点"选项组下的"起点选项"下拉列表中选择"自动判断"选项，将光标移动到模型上，系统将自动捕捉模型的位置点作为直线的起始或结束点
点	通过参考点确定直线的起始或结束点。在"起点"选项组下的"起点选项"下拉列表中选择"点"选项，然后在模型任意位置上选择点作为直线的起始或结束点
相切	通过选择圆、圆弧或曲线确定直线与其相切的起始或结束位置。在"起点"选项组下的"起点选项"下拉列表中选择"相切"选项，然后在模型任意位置上选择圆弧或圆作为直线的起始或结束相切线位置
成一角度	通过参考直线角度确定直线。确定直线第一点后，在"终点或方向"选项组下的"终点选项"下拉列表中选择"成一角度"选项，接着选择曲线作为角度约束直线，然后在"角度"文本框中输入角度值，在"距离"文本框中输入长度值，最后单击"确定"按钮即可创建直线
XC 沿 XC	通过 XC 方向和长度数值确定直线。确定直线第一点后，在"终点或方向"选项组下的"终点选项"下拉列表中选择"XC 沿 XC"选项，接着在"距离"文本框中输入直线长度，然后单击"确定"按钮创建直线
YC 沿 YC	通过 YC 方向和长度数值确定直线。确定直线第一点后，在"终点或方向"选项组下的"终点选项"下拉列表中选择"YC 沿 YC"选项，接着在"距离"文本框中输入直线长度，然后单击"确定"按钮创建直线
ZC 沿 ZC	通过 ZC 方向和长度数值确定直线。确定直线第一点后，在"终点或方向"选项组下的"终点选项"下拉列表中选择"ZC 沿 ZC"选项，接着在"距离"文本框中输入直线长度，然后单击"确定"按钮创建直线
自动平面	通过自动平面确定创建直线的平面，一般为默认状态
锁定平面	通过锁定某一平面确定创建直线的平面
选择平面	通过选择现有的平面确定创建直线的平面。确定直线第一点后，在"支持平面"选项组下的"平面选项"下拉列表中选择"选择平面"选项，接着选择现有的平面，然后确定直线第二点，最后单击"确定"按钮创建直线

　　操作步骤：单击"曲线"工具条中"直线"按钮／，弹出"直线"对话框。需要确定起点及终点位置，选原点，向 Y 轴方向延伸 65mm，最后单击鼠标中键或者"确定"按钮，

完成直线如图4-6所示。

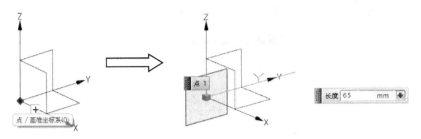

图4-6　直线绘制

2．圆弧和圆

圆弧和圆是构建复杂几何曲线的基本图素之一，其中圆弧的创建方式有两种，分别是"三点画圆弧"和"从中心开始的圆弧/圆"。

操作步骤：在"曲线"工具条中单击"圆弧/圆"按钮 ，弹出"圆弧/圆"对话框。

（1）三点画圆弧　制图要素有圆弧起点、终点及半径值（或圆上点），如图4-7所示。

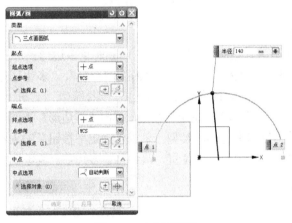

图4-7　三点画圆弧

（2）从中心开始的圆弧　制图要素有中心点位置、圆上点或者半径值，如图4-8所示。

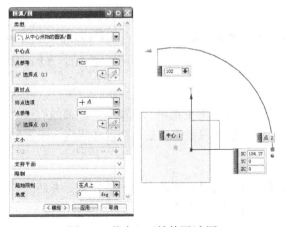

图4-8　从中心开始的圆弧/圆

（3）绘制整圆　将"圆弧/圆"对话框中"限制"选项组下的"整圆"复选框勾选，可以用三点画圆或给定中心画圆两种方法画圆，如图4-9所示。

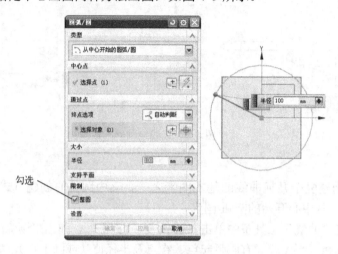

图4-9　整圆绘制

3．多边形的绘制

通过多边形功能可以快速方便地创建正多边形，而正多边形是广泛应用于工程设计的二维图形。UG NX软件提供了"外切圆半径"、"内接圆半径"、"多边形边数"3种创建方法。

操作步骤：在"曲线"工具条中单击"多边形"图标⊙，打开"多边形"对话框，如图4-10所示。输入边数，然后单击"确定"按钮，弹出"多边形"类型选择对话框，如图4-11所示，然后根据需要选择绘制多边形的类型，单击"确定"按钮后输入相关参数，弹出多边形中心点位置设置对话框，设置中心点的位置，最终创建多边形。其绘制方法与草图的绘制方法相同，在此不再赘述。

图4-10　"多边形"对话框

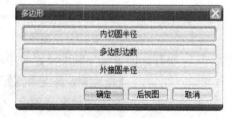

图4-11　"多边形"类型选择对话框

4．修剪曲线

单击"修剪曲线"图标⤙或单击主菜单"编辑"→"曲线"→"修剪"选项，打开"修剪曲线"对话框，依据系统提示选取要修剪的曲线及边界线，设置修剪参数以完成操作，如图4-12所示。

注意：在进行修剪操作时，选取修剪曲线的一侧即为剪去的一侧，同时，如果选择边界线的顺序不同，将会产生不同的修剪效果。

"修剪曲线"对话框中主要选项的含义如下。

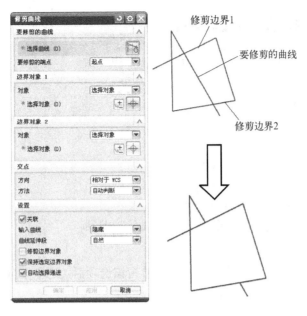

图 4-12　修剪曲线

1）方向：用于确定边界对象与待修剪曲线交点的判断方式。

2）关联：如启用该复选框，则修剪后的曲线与原曲线具有关联性，若改变原曲线的参数，则修剪后的曲线与边界之间的关系自动更新。

3）输入曲线：用于控制修剪后，原曲线保留的方式（包括隐藏、删除、替换3种方式）。

4）曲线延伸段：如果要修剪的曲线是样条曲线并且需要延伸到边界，则利用该选项设置其延伸方式。

5）修剪边界对象：在对修剪对象进行修剪的同时，边界对象也被修剪。

6）保持选定边界对象：启用该复选框，当单击"应用"按钮后，边界对象将保持被选取状态，此时，如果使用与原来相同的边界对象修剪其他曲线，则不需再次选取。

7）自动选择递进：启用该复选框，系统将按选择步骤自动地进行下一步操作。

5．分割曲线

分割曲线是将曲线分割成多个节段，各节段成为独立的操作对象。分割后原来的曲线参数被移除。

单击"分割曲线"图标 ⌇ 或单击主菜单"编辑"→"曲线"→"分割曲线"选项，打开"分割曲线"对话框，如图 4-13 所示。

在"分割曲线"对话框中提供了5种曲线的分割方式，下面介绍它们各自的含义及用法。

（1）等分段

以等长或等参数的方法将曲线分割成相同的节段。单击该选项后，选择要分割的曲线，设置等分参数，单击"确定"按钮完成操作。

（2）按边界对象

利用边界对象来分割曲线。单击该选项后，选取要分割的曲线，然后按系统提示选取边界对象，单击"确定"按钮完成操作。

图 4-13 "分割曲线"对话框

（3）弧长段数

通过分别定义各节段的弧长来分割曲线。单击该选项后，选取要分割的曲线，设置弧长参数，单击"确定"按钮完成操作。

（4）在结点处

该方式只能用于分割样条曲线，它在曲线的定义点处将曲线分割成多个节段。单击该选项后，选择要分割的曲线，然后在"方法"下拉列表中选择分割曲线的方法，单击"确定"按钮完成操作。

（5）在拐角上

该方式是在拐角处（即一阶不连续点）分割样条曲线（拐角点是由于样条曲线节段的结束点方向和下一节段开始点方向不同而产生的点）。单击该选项后，选择要分割的曲线，系统会在样条曲线的拐角处分割曲线。

6．直纹面

直纹面是严格通过两条截面线串而生成的直纹片体，它主要表现为在两个截面之间创建线性过渡的曲面。其中，第一根截面线可以是直线、光滑的曲线，也可以是点。而每条曲线可以是单段，也可以是多段组成。

（1）操作步骤

1）单击"曲面"工具条中的"直纹面"图标或单击主菜单"插入"→"网格曲面"→"直纹面"选项，弹出"直纹"对话框，如图 4-14 所示。

2）选择第一条曲线作为截面线串 1，在第一条曲线上，会出现一个方向箭头。

3）单击鼠标中键完成截面线串 1 的选择，选择第二条曲线作为截面线串 2，在第二条曲线上，也会出现一个方向箭头。

4）可以根据输入曲线的类型，选择需要的对齐方式，然后单击"确定"按钮，完成曲面创建。

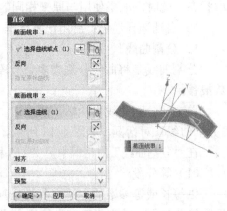

图 4-14 "直纹"对话框

注意：第二条曲线的箭头方向应与第一条线的箭头方向一致，否则会导致曲面扭曲。

158

（2）对齐方式

用曲线构成曲面时，对齐方法说明了截面曲线之间的对应关系，对齐将影响曲面形状。直纹曲面常用对齐方式如图 4-15 所示。一般常用"参数"对齐方法，对于多段曲线或者具有尖点的曲线，采用"根据点"对齐方法较好。

1）参数：参数对齐指的是沿曲线等参数分布的对应点连接。

2）根据点：当对应的截面线具有尖点或多段时，这种方法要求选择对应的点，如图 4-15a 中对应的点 1、点 2，首末点自动对应，不需指定，构成的直纹曲面如图 4-15b 所示。

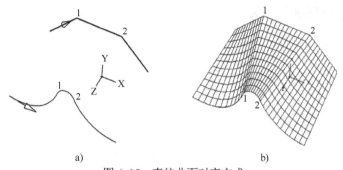

图 4-15　直纹曲面对齐方式

7．N 边曲面

N 边曲面是由多个相连接的曲线（可以封闭，也可以不封闭；可以是平面曲线链，也可以是空间曲线链）而生成的曲面。

操作步骤：单击"曲面"工具条"N 边曲面"图标或单击主菜单"插入"→"网格曲面"→"N 边曲面"选项，弹出"N 边曲面"对话框，顺序拾取各条曲线，然后单击"确定"按钮，完成曲面创建，如图 4-16 所示。

8．有界平面

有界平面是由在同一平面的封闭的曲线轮廓（曲线轮廓可以是一条曲线，也可以是多条曲线首尾相连的）而生成的平面。

操作步骤：单击"曲面"工具条"有界平面"图标或单击主菜单"插入"→"曲面"→"有界平面"选项，弹出"有界平面"对话框，拾取轮廓曲线，然后单击"确定"按钮，完成曲面创建。如图 4-17 所示。

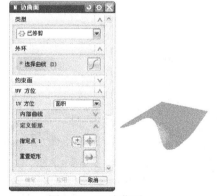

图 4-16　N 边曲面

图 4-17　有界平面

9. 曲面缝合

曲面缝合用于将两个或两个以上的片体缝合为单一的片体。如果被缝合的片体封闭成一定体积，则缝合后可形成实体（片体与片体之间的间隙不能大于指定的公差，否则结果是片体而不是实体）。

操作步骤：单击"曲面"工具条上的"缝合"图标 ▓▓或单击主菜单"插入"→"组合体"→缝合"选项，弹出"缝合"对话框，类型选"片体"，目标选"曲面 1"，工具选"曲面 2"，单击"确定"按钮，将 1、2 曲面缝合为一体。如图 4-18 所示。

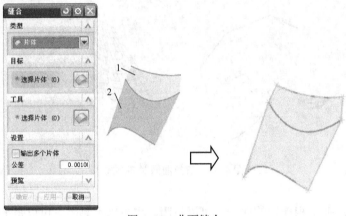

图 4-18　曲面缝合

（1）选项说明

1）缝合输入类型：选择进行缝合的对象是片体还是实体。片体（图纸页）：用于缝合曲面。实体（实线）：用于缝合实体，要求两个实体具有形状相同，面积接近的重合表面。

2）缝合公差：用于确定片体在缝合时所允许的最大间隙，如果缝合片体之间的间隙大于系统设定的公差时，则片体不能缝合，此时，需要增大公差值才能缝合片体。

（2）修剪片体

修剪片体是通过投影边界轮廓线对片体进行修剪。例如，要在一张曲面上挖一个洞，或裁掉一部分曲面，都需要曲面具有裁剪功能，其结果是关联性的修剪片体。

操作步骤：单击"曲面"工具条上的"修剪片体"图标 ▓或单击主菜单"插入"→"修剪"→"修剪的片体"选项，弹出"修剪片体"对话框。目标：用于选择需要修剪的目标片体（曲面）；边界对象：用于选择作为修剪边界的曲线或边（多边形曲线）；投影方向：确定边界的投影方向，用来决定修剪部分在投影方向反映在曲面上的大小，主要包括垂直于面、垂直于曲线平面及沿矢量 3 种方式（选择"垂直于曲线平面"）；区域：用于选择需要剪去或者保留的区域（保持：修剪时所指定的区域将被保留；舍弃：修剪时所指定的区域将被删除）。如图 4-19 所示。

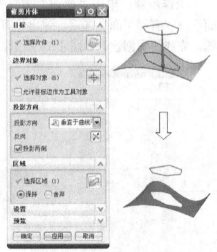

图 4-19　"修剪片体"对话框

4.2.2 任务实施

1．绘制立体五角星的思路

①创建正五边形外接圆，半径为 100；②创建直线，构成平面五角星线框，然后修剪不需要的曲线；③创建一点，定位尺寸 *X*、*Y* 均为 0，*Z* 值为 20；④分别将正五边形五个顶点与创建点用直线连接起来，构成立体五角星线架；⑤用"N 边曲面"命令创建立体五角星；⑥创建直径为 220 的圆；⑦移动对象，将直径为 220 的圆移动-25mm；⑧用"有界平面"命令封闭直径为 220 的圆并修剪片体；⑨用"直纹面"命令创建圆柱面；⑩通过曲面缝合将其转换成实体。

2．绘制立体五角星的操作步骤

（1）创建多边形

进入建模模块，在"曲线"工具条中单击图标 ⬡ ，弹出"多边形"对话框，如图 4-20 所示。在边数文本框中输入"5"，然后单击"确定"按钮；弹出如图 4-21 所示对话框，选择"外接圆半径"，进入下一个对话框如图 4-22 所示，输入圆半径值"100"，单击"确定"按钮；弹出"点"对话框如图 4-23 所示，确定原点后单击"确定"按钮，完成效果如图 4-24 所示。

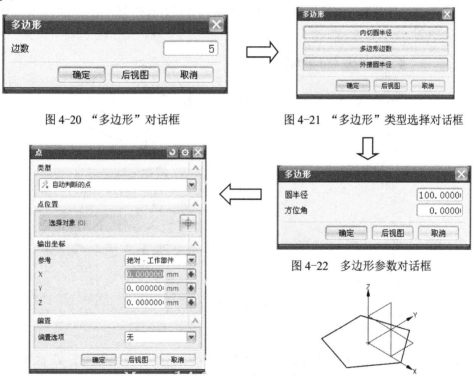

图 4-20 "多边形"对话框　　　　　图 4-21 "多边形"类型选择对话框

图 4-22 多边形参数对话框

图 4-23 "点"对话框　　　　　图 4-24 五边形示意图

（2）绘制直线

单击"曲线"工具条中的"直线"按钮 ✏ ，弹出"直线"对话框，分别用直线将五边形的端点和对边的两端相连，得到如图 4-25 所示图形。

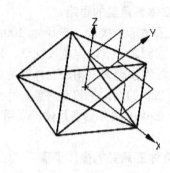

图4-25 直线绘制五角星平面线框

（3）修剪曲线

单击"曲线"工具条中的"修剪曲线"按钮，弹出"修剪曲线"对话框，首先选中五角星的一条边如图4-26所示的黑色虚线，将其作为"要修剪的曲线"，接着分别选择两条红色的边，作为"边界对象"进行修剪，依次对五条边分别进行修剪，最后完成效果如图4-26所示。

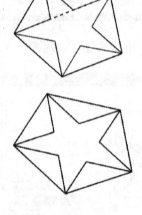

图4-26 修剪曲线

（4）创建点

单击"特征"工具栏中的"创建点"按钮＋，弹出"点"对话框，在 Z 值输入文本框内输入"20"，单击"确定"按钮。完成后如图4-27所示。

（5）绘制五角星空间线架

单击"曲线"工具条中的"直线"按钮／，弹出"直线"对话框；分别绘制 5 条直线将五边形的端点和创建的点相连，得到如图4-28所示图形。

（6）创建五角星片体

单击"曲面"工具条中"N边曲面"按钮，弹出"N边曲面"对话框，类型选"已修

162

剪"、*UV* 方位选"面积",然后顺序拾取三角形的 3 条边,完成一个三角面的创建。同理完成构成五角星的所有面创建(完成一个角的片体后,也可以用"移动"命令移动,其中角度设为 72°,复制 4 份,采用该方法完成五角星的所有面的创建;还可以通过特征阵列的方法完成五角星的所有面的创建),得到如图 4-29 所示结果。

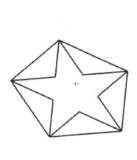

图 4-27　创建点

图 4-28　五角星空间线架

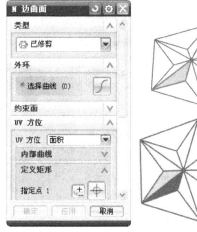

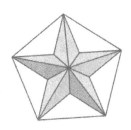

图 4-29　创建五角星片体

（7）创建圆盘线架

1）绘制φ220 的圆：单击"曲线"工具条中"圆弧\圆"按钮　，弹出"圆弧\圆"对话框，选择"从中心开始的圆弧\圆"　，选择原点为中心点，勾选"整圆"复选框，半径输入值为"110"，隐藏五边形，得到如图 4-30 所示结果。

2）创建下面的圆：单击主菜单中的"编辑"→"移动对象"选项　，弹出"移动对象"对话框，如图 4-30 所示。选择上一步创建的圆弧作为移动对象，选择-*ZC* 轴为移动方向，移动距离为25，完成效果如图 4-31 所示。

（8）创建上平面

1）单击"曲面"工具条中的"有界平面"按钮　，弹出"有界平面"对话框。根据提示选择需要封闭的平面边界，并继续完成下一个圆的封闭，得到如图 4-32 所示效果。

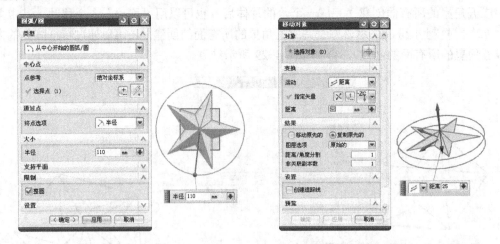

图 4-30　创建圆　　　　　　　　　　　图 4-31　移动对象创建下面的圆

2）修剪片体：单击"特征"工具栏中的"修剪片体"按钮 <img>，弹出"修剪片体"对话框，目标片体是上一步所创建的有界平面（注意："区域"选项组中如果选择"保持"单选按钮，则选择保留部位，如果选择"舍弃"单选按钮，则选择舍弃部位），边界对象选择五角星底面的 10 条边线，单击"确定"按钮，得到如图 4-33 所示效果。

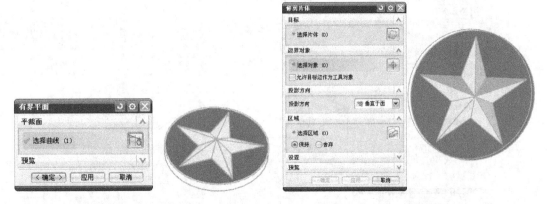

图 4-32　完成效果图　　　　　　　　　　图 4-33　修剪片体

（9）创建圆柱面

单击"曲面"工具条中的"直纹"按钮 <img>，弹出"直纹"对话框，选择圆弧 1 为截面线串 1，单击鼠标中键确认，然后选择圆弧 2 作为截面线串 2，单击鼠标中键确认。完成效果如图 4-34 所示。

（10）创建下平面

单击"曲面"工具条中的"有界平面"按钮 <img>，弹出"有界平面"对话框。根据提示选择需要封闭的平面边界，并继续完成下一个圆的封闭，得到如图 4-35 所示效果。

（11）缝合

单击"曲面"工具条中的"缝合"按钮 <img>，弹出"缝合"对话框，选择底面片体作为目标体，然后单击"工具"选项组下的"选择片体"，接着添加其他片体，单击"确定"按钮，完成缝合。缝合为一体后，可形成实体化模型，得到如图 4-36 所示的结果。

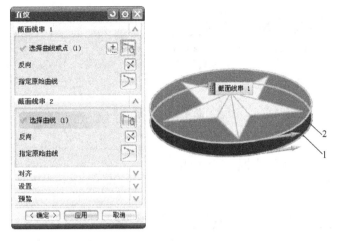

图 4-34　创建圆柱面

图 4-35　创建下平面

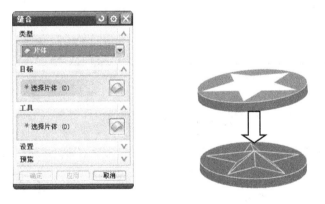

图 4-36　曲面缝合

4.2.3　任务拓展（伞冒骨架及曲面建模）

完成如图 4-37 所示的伞冒骨架及曲面的建模，通过该实例主要掌握的命令有：圆及圆弧、曲线分割、移动、N 边曲面等。

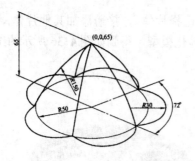
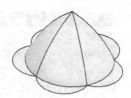

图 4-37 伞冒

1. 绘制思路

①绘制主架；②绘制伞边线框；③绘制曲面。

2. 绘制步骤（见表 4-2）

表 4-2 伞冒建模步骤

步　骤	绘 制 方 法	绘制结果图例
1. 绘制伞冒主架	(1) 绘制 R50 的圆，并分割成 5 段； (2) 绘制点（0,0,65）； (3) 并绘制 R150 的圆弧； (4) 移动（旋转复制）	
2. 绘制伞冒边线框	(1) 绘制 R30 的圆弧； (2) 移动（旋转复制）	
3. 绘制曲面	(1) N 边曲面创建伞冒面； (2) 有界平面（或直纹面）创建飞边； (3) 移动（旋转复制），完成建模设计	

4.2.4 任务实践

完成图 4-38 和图 4-39 所示零件的线架及曲面建模。

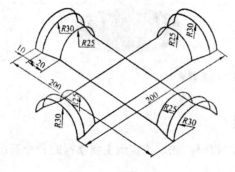

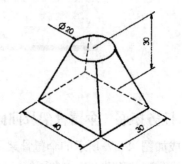

图 4-38 零件（1）　　　　　　　　　　图 4-39 零件（2）

4.3 任务2 异性面壳体线架及曲面建模

【学习目标】
1. 掌握矩形、基本直线、圆及圆弧、椭圆、样条线等创建命令的应用与操作方法。
2. 掌握圆角、曲线链接、曲线投影、曲线镜像、曲线修剪等编辑命令的应用与操作方法。
3. 掌握曲线组、网格面、扫掠、曲面加厚等操作方法及应用。

【学习重点】
综合运用各种命令绘制异性面壳体线架及曲面建模。

【学习难点】
开拓构建思路及提高线框创建的基本技巧。

完成如图 4-40 所示的异性面壳体线架及曲面建模，壳体壁厚为 1mm，向内加厚。通过该实例主要掌握的曲线命令有：矩形、直线、圆弧、圆角、快速修剪；曲面命令有直纹面和网格面、缝合、曲面加厚。

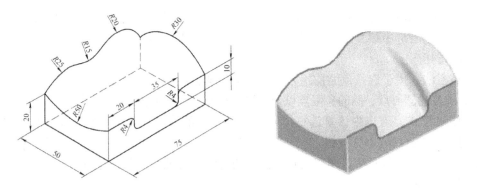

图 4-40 异性面壳体线架及曲面建模

4.3.1 知识链接

1. 矩形的绘制

单击主菜单"插入"→"曲线"→"矩形"或在"曲线"工具条中单击图标 □，打开"矩形"对话框，在矩形方法中选择"指定两点画矩形"。操作步骤：在"点"对话框 X、Y 值对应的文本框中分别输入矩形的两个对角点的坐标值（或在绘图区用鼠标拾取两个对角点），单击"确定"按钮，完成矩形的创建，如图 4-41 所示。

2. 基本曲线

单击主菜单"插入"→"曲线"→"基本曲线"或在"曲线"工具条中单击图标 ◊，打开"基本曲线"对话框和跟踪条，如图 4-42 所示。在该对话框中包括了直线、圆弧、圆和圆角以及修剪、编辑曲线参数等 6 个工具按钮。下面主要介绍直线和圆角功能。

（1）直线

在 UG NX 中，直线一般是指通过两点构造的线段。其在空间中的位置由它经过的空间一点，以及它的一个方向向量来确定。它作为一种基本的构造图元，在空间中无处不在。两个平面相交时，可以产生一条直线，通过带有棱角实体模型的边线也可以产生一条直线。

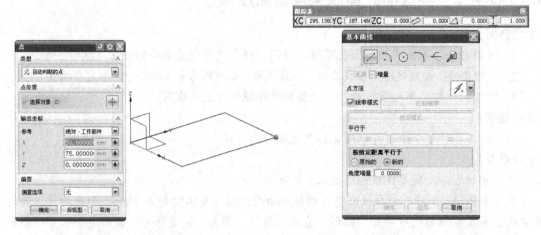

图 4-41 绘制矩形   图 4-42 "基本曲线"对话框和跟踪条

1）无界：若选中该复选框，则创建的直线将沿着从起点到终点的方向直至绘图区的边界。

2）增量：若选中该复选框，则指定的值是相对于上一指定点的增量值，而不是相对于工作坐标系的值。

3）点方法：用于选择点的捕捉方式以确定创建直线的端点（如端点、中点、交点、存在的点、圆弧的圆心点、圆的象限点以及通过点构造器创建的点等）。

4）线串模式：若选中该复选框，则以首尾相接的方式连续画曲线。若想终止连续线串，则可单击"打断线串"按钮。

5）锁定模式：若激活该模式，则新创建的直线平行或垂直于选定的直线，或者与选定的直线有一定的夹角。

6）平行于：用于创建平行于 *XC*、*YC*、*ZC* 的直线。首先在平面上选择一点，然后选择 *XC*（或 *YC/ZC*），则可以生成平行于 *XC*（或 *YC/ZC*）的直线。

7）按给定距离平行于：用来绘制多条平行线。

① 原始的：表示生成的平行线始终相对于用户选定的曲线，通常只能生成一条平行线。

② 新的：表示生成的平行线始终相对于在它前一步生成的曲线，通常用来生成多条等距离的平行线。

8）角度增量：用于设置角度增量值，从而以角度增量值的方式来创建直线。

（2）圆角

圆角就是利用圆弧在两个相邻边之间形成的圆弧过渡，产生的圆弧相切于相邻的两条边。圆角在机械设计中的应用非常广泛，它不仅满足了生产工艺的要求，而且还可以防止零件应力过于集中而损害零件，以延长零件的使用寿命。

在"基本曲线"对话框中，单击图标⌐，切换至"曲线倒圆"对话框，如图 4-43 所示。

● 继承：用来继承已有的圆角半径值。单击该按钮后，系统会提示用户选取存在的圆角，选定后系统会将选定圆角的半径值显示在对话框的"半径"文本框中。

● 修剪第一条曲线：启用该复选框，倒圆角时将修剪选择的第一条曲线，反之则不会。

● 修剪第二条曲线：当选择第二种倒圆角方式时，修剪第二条曲线；当选择第三种倒

168

圆角方式时，删除第二条曲线。即启用该复选框，将在倒圆角时修剪或删除选择的第二条曲线。

- 修剪第三条曲线：只有选择第三个倒圆角方式时，该复选框才会被激活。若启用该复选框，则在倒圆角时，系统将修剪选择的第三条曲线。

在图 4-43 所示对话框的"方法"选项组中，系统提供以下 3 种倒圆角方式。

1）简单圆角。简单圆角用于共面但不平行的两直线间的圆角操作。其步骤如下。

① 在"曲线倒圆"对话框中，单击按钮 。

② 在"半径"文本框中输入圆角半径值，其余为默认选项。

③ 在第二条曲线将要制作圆角处，单击以确定圆心的大致位置，即可完成圆角制作，如图 4-44 所示。

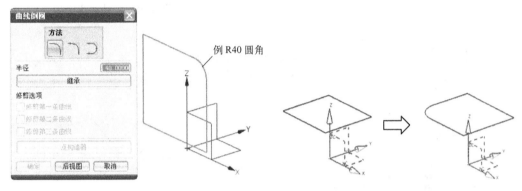

图 4-43 "曲线倒圆"对话框　　　　　　图 4-44 简单圆角

2）两曲线圆角。与简单圆角类似，区别是两条线可以修剪也可以不修剪，而简单圆角是自动修剪。其步骤如下。

① 在"曲线倒圆"对话框中，单击按钮 。

② 在"半径"文本框中输入圆角半径值，其余为默认选项。

③ 依次选取第一条曲线和第二条曲线，然后单击以确定圆心的大致位置，如图 4-45 所示。

3）三曲线圆角。三曲线圆角是指同一平面上的任意相交的 3 条曲线之间的圆角操作（3 条曲线交于一点的情况除外）。其步骤如下。

① 在"曲线倒圆"对话框中，单击按钮 。

② 依次选取 3 条曲线。然后单击以确定圆角圆心的大致位置，如图 4-46 所示。

3．曲线连结

曲线连结是将多段相连的曲线连结成一条曲线。

单击"曲线"工具条上的"曲线连结"图标 或单击"插入"→"来自曲线集的曲线"→"连结"选项，打开"连结曲线"对话框，选择要连结曲线，单击"确定"按钮，弹出"连结曲线产生了拐角。您要继续吗？"，单击"是"按钮，完成曲线的连结。如图 4-47 所示。

4．投影曲线

投影曲线是指将曲线投影到指定的面上，如曲面、平面和基准面等。

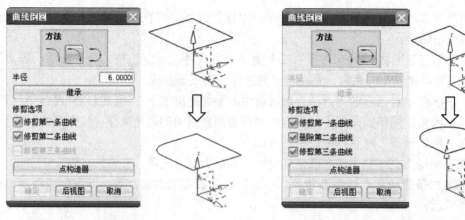

图 4-45　两曲线圆角　　　　　　　　　　　图 4-46　三曲线圆角

图 4-47　曲线连结

操作步骤：单击主菜单"插入"→"来自曲线集的曲线"→"投影"选项或在"曲线"工具条中单击"投影"按钮，弹出"投影曲线"对话框。首先选择需要投影的曲线，按鼠标中键确认，再选取曲面以进行投影，最后单击"确定"按钮或者按鼠标中键完成投影，如图 4-48 所示。

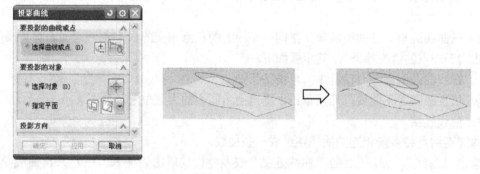

图 4-48　投影曲线

5. 镜像曲线

镜像曲线是指通过面或基准面将几何图素对称复制的操作。

操作步骤：单击主菜单"插入"→"来自曲线集的曲线"→"镜像"选项或在"曲线"

工具条中单击"镜像曲线"按钮 ，弹出"镜像曲线"对话框。首先选择需要镜像的曲线，按鼠标中键确认，再选择镜像平面或基准面，按鼠标中键确认，即完成镜像曲线，如图4-49所示。

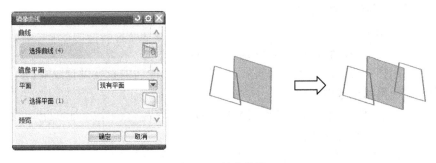

图4-49　镜像曲线

6. 通过曲线组创建曲面

构造复杂曲面时，先输入多个点，然后构成一系列样条曲线，再通过曲线构造曲面，这种方法构造的曲面通过每一条曲线。

（1）操作步骤　单击"曲线"工具条下的"通过曲线组"图标 或单击主菜单"插入"→"网格曲面"→"通过曲线组"选项，弹出"通过曲线组"对话框。依次选择每一条曲线（每选完一个曲线串，单击鼠标中键，该曲线一端出现箭头，应当注意各曲线箭头方向一致），完成所有曲线选择；在"对齐"选项组中选择"参数"对齐方式；在"设置"选项组中确定 V 向阶次（建议输入"3"）；单击"确定"按钮，得到如图4-50所示的曲面。

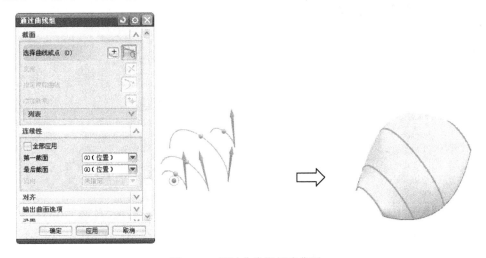

图4-50　通过曲线组创建曲面

注意：如果输入的第一条和最后一条曲线恰好是另外 2 个曲面的边界，而且该曲面与另外 2 个曲面在边界又有连续条件，则用户可在"连续性"选项组中，确定起始与结束的连续方式（其中 G0 为无约束、G1 为相切连续、G2 为曲率连续）。单击"选择面"图标，选择与之有约束的第一截面和最后截面，就能够控制在曲面拼接处的 V 方向为相切连续或曲率连续。

（2）对齐方式 "通过曲线组"构造曲面的对齐方法除前面介绍的"参数"、"根据点"对齐方法外，还有以下几种常见方式。

1）圆弧长：通过两组截面线和等参数曲线建立连接点，这些连接点在截面线上的分布和间隔方式是根据等弧长的方式建立。

2）距离：以指定的方向沿曲线以等距离间隔分布点。

3）角度：绕一根指定轴线，沿曲线以等角度间隔分布点。

4）脊线：沿指定的脊线以等距离间隔建立连接点，曲面的长度受脊线限制。

7. 通过曲线网格创建曲面

曲线网格方法是使用两个方向的曲线来构造曲面。其中，一个方向的曲线称为主曲线，另一个方向的曲线称为交叉曲线。

过曲线网格生成的曲面是双 3 次的，即 U、V 方向都是 3 次的。

由于是两个方向的曲线，构造的曲面不能保证完全过两个方向的曲线，因此用户可以强调以哪个方向为主，曲面将通过主方向的曲线，而另一个方向的曲线则不一定落在曲面上，可能存在一定的误差。

操作步骤如下：单击"曲线"图标 或单击"插入"→"网格曲面"→"通过曲线网格"选项，弹出"通过曲线网格"对话框；选择主曲线：选择一条主曲线后，单击鼠标中键，该曲线一端出现箭头；依次选择其他的主曲线（注意每条主曲线的箭头方向应一致）；选择交叉曲线：在"交叉曲线"选项组中单击图标 ，选择另一方向的曲线为交叉曲线，每选择完一条交叉曲线后，单击鼠标中键，然后选择其他交叉曲线，全部交叉曲线选完后，单击"确定"按钮，得到曲面如图 4-51a 所示。

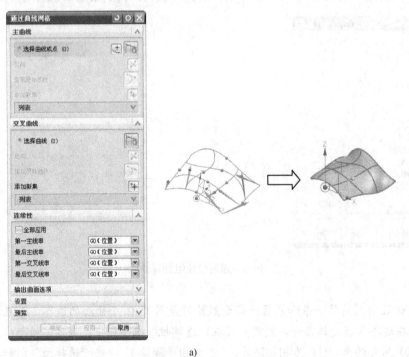

a)

图 4-51 曲线网格曲面

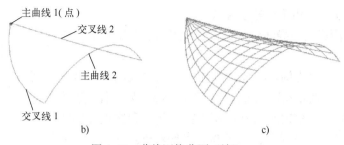

图 4-51　曲线网格曲面（续）

注意：当曲面由三条曲线边构造时，可以将点作为第一条截面线或最后一条截面线，其余两条曲线作为交叉曲线，如图 4-51 所示，图 4-51b 所示为主曲线和交叉曲线的选择方法；图 4-51c 所示为通过曲线网格方式创建的曲面。

8．扫掠

扫掠曲面是通过将曲线轮廓以预先描述的方式沿空间路径移动来创建曲面的，其中移动的曲线轮廓称为截面线，指定的移动路径称为引导线，即将截面线沿引导线运动扫掠而成。它是曲面类型中最复杂、最灵活、最强大的一种，可以控制比例、方位的变化。

（1）引导线

扫掠路径又称为引导线串，用于在扫掠方向上控制扫掠体的方位和比例，每条引导线可以由单段或多段曲线组成，但必须是光滑连续的。引导线的条数可以为 1～3 条。

（2）截面线

截面线串控制曲面的大致形状和 U 向方位，它可以由单条或多条曲线组成，截面线不必是光滑的，但必须是位置连续的。截面线和引导线可以不相交，截面线最多可以选择 400 条。

（3）脊线

脊线多用于两条非常不均匀参数的曲线间的直纹曲面创建，此时直纹方向很难确定，它的作用主要是控制扫掠曲面的方位、形状。在扫掠过程中，在脊线的每个点处构造的平面为截面平面，它垂直于脊线在该点处的切线。

（4）方位控制——用于一条引导线

截面线沿引导线运动时，一条引导线不能完全确定截面线在扫掠过程中的方位，需要指定约束条件来进行控制。

1）固定：当截面线运动时，截面线保持一个固定方位。

2）面的法向：截面线串沿引导线串扫掠时的局部坐标系的 Y 方向与所选择的面法向相同。

3）矢量方向：扫掠时，截面线串变化的局部坐标系的 Y 方向与所选矢量方向相同，使用者必须定义一个矢量方向，而且此矢量决不能与引导线串相切。

4）另一条曲线：用另一条曲线或实（片）体的边来控制截面线串的方位。扫掠时截面线串变化的局部坐标系的 Y 方向由引导线与另一条曲线各对应点之间的连线的方向来控制。

5）一个点：仅适用于创建三边扫掠体的情况，这时截面线串的一个端点占据一个固定位置，另一个端点沿引导线串滑行。

6）角度规律曲线：有 7 种控制方式，如图 4-52 所示。

7）强制方向：将截面线所在平面始终固定为一个方位。

（5）缩放方法——用于一条引导线

用于控制截面线沿引导线运动时的比例变化，UG NX 提供的比例控制功能如下。

1）恒定的：常数比例，截面线先相对于引导线的起始点进行缩放，然后，在沿引导线运动过程中，比例保持不变，默认比例值为1。

2）倒圆功能：圆角过渡比例，在扫掠的起点和终点处施加一个比例，介于二者之间的部分的缩放比例是按照线性或三次插值变化规律进行缩放控制。

3）另一条曲线：类似于方位控制中的另一条曲线。

4）一个点：与另一条曲线方法类似。

5）面积规律：截面曲线围成的面积在沿引导线运动过程中用规律曲线控制大小的方法。

6）周长规律：截面曲线的周长在沿引导线运动过程中用规律曲线控制长短的方法。

其操作步骤如下。

单击图标 或单击主菜单"插入"→"扫掠"→"扫掠"选项，弹出"扫掠"对话框，选择截面线，单击鼠标中键结束，单击"引导线"选项组中的按钮 ，选择引导线，单击鼠标中键结束，其他选项默认，得到如图 4-53 所示的扫掠面。

图 4-52　角度规律曲线
控制方式

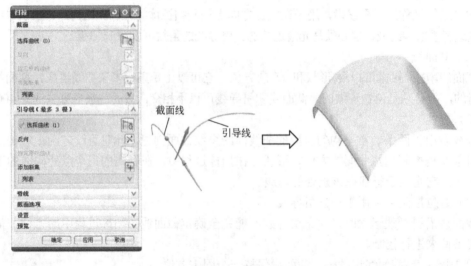

截面线　　引导线

图 4-53　扫掠面

9. 曲面加厚

单击图标 或单击主菜单"插入"→"偏置/缩放"→"加厚"选项，弹出"加厚"对话框，点选要加厚的曲面，在"厚度"选项组中，偏置 1 和偏置 2 中输入相应的值（注意：偏置值不能大于曲面的曲率半径），单击"确定"按钮，得到如图 4-54 所示的结果。

4.3.2　任务实施

1. 异性面壳体线架及曲面建模的思路

① 创建矩形并约束矩形尺寸长为 50，宽为 75；② 移动矩形至 Z20；③ 创建直线连接

174

每个矩形顶点；④ 创建右侧面曲线（移动对象、修剪、倒圆角、曲线连接）；⑤ 创建前后面圆弧的绘制半径分别为 80，100；⑥ 创建左面的圆弧曲线（圆弧、倒圆角、曲线连接）；⑦ 侧围面（直纹面）；⑧ 创建顶面（网格面）；⑨ 曲面缝合；⑩ 曲面加厚。

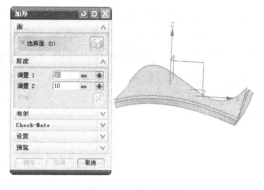

图 4-54 曲面加厚

2. 绘制线框的操作步骤

（1）矩形的绘制

进入建模模块，在"曲线"工具条中单击图标 □，弹出"点"对话框。用空间创建矩形的方法选择"指定两点画矩形"。① 在对话框中分别输入 X：50、Y：75、Z：0；② 选定坐标系及原点，单击"确定"按钮完成矩形，结果如图 4-55 所示。

（2）移动矩形

选择主菜单中的"编辑"→"移动对象"命令，弹出"移动对象"对话框，在"运动"下拉列表中选择"距离"，选定 Z 方向为矢量方向，在"结果"选项组中选择"复制原先的"单选按钮并输入距离为"20"；最后单击"确定"按钮。平移后的矩形如图 4-56 所示。

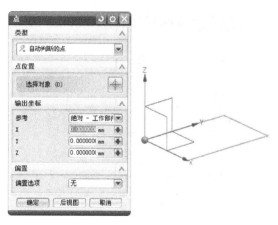

图 4-55 矩形

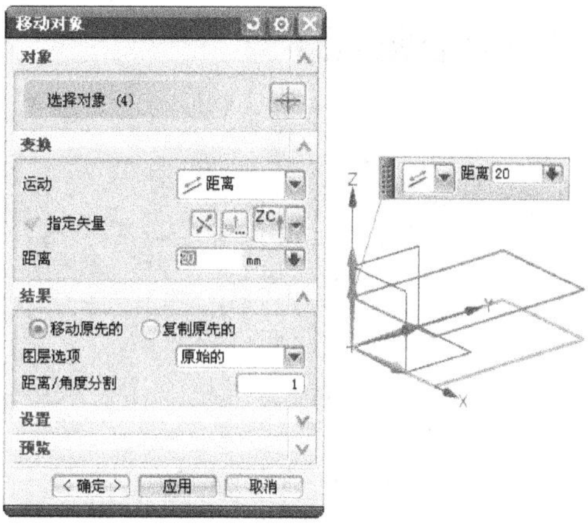

图 4-56 移动矩形

（3）直线的绘制

单击"曲线"工具条中的"直线"按钮，弹出"直线"对话框，分别将上、下两个矩形的顶点用直线连接，如图 4-57 所示。

（4）创建右侧面曲线

1）移动对象：选择主菜单中的"编辑"→"移动对象"命令，弹出"移动对象"对话框，在"运动"下拉列表中选择"距离"，在"结果"选项组中选择"复制原先的"单选按钮，根据图的要求将线 1 向-Z 移动 10，将线 2 向 Y 移动 20，将线 3 向-Y 移动 20，得到如图 4-58 所示的结果。

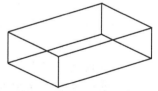

图 4-57 直线的绘制

2）修剪直线：选择主菜单中的"编辑"→"曲线"→"修剪"命令，弹出"修剪"对话框，分别拾取要修剪的直线和边界线，得到如图 4-59 所示的结果。

3）圆角过渡 R4：选择主菜单"插入"→"曲线"→"基本曲线"命令，弹出"基本曲线"对话框。在该对话框中，选择圆角图标，弹出"曲线倒圆"对话框。在该对话框中，选择简单圆角图标，输入半径"4"，用鼠标分别点选要过渡的 4 个角内侧，得到如图 4-60 所示的结果。

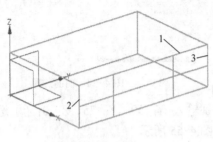

图 4-58　移动直线

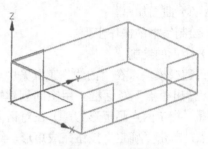

图 4-59　修剪直线

4）将右侧面曲线连接成一条样条线。单击图标　或单击主菜单"插入"→"来自曲线集的曲线"→"连结曲线"选项，打开"连结曲线"对话框，点选要连结的曲线，单击"确定"按钮，完成曲线的连结。结果如图 4-61 所示。

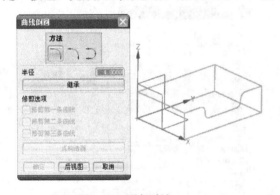

图 4-60　圆角过渡 R4

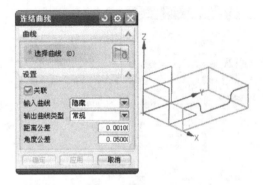

图 4-61　连结曲线

（5）创建前后面圆弧

1）创建工作坐标系，使圆弧所在的平面为 *XC-YC* 平面。选择主菜单"格式"→"WCS"，选择动态图标，通过拖动小球，建立工作坐标系，如图 4-62 所示。

2）创建 *R*50 的凹圆弧。单击"曲线"工具条中的"圆弧/圆"按钮，弹出"圆弧/圆"对话框，选择"三点画圆弧"，分别选择两短边直线的端点作为圆弧的起点、终点，在"半径"文本框中输入圆弧半径值"50"。单击"确定"按钮，得到如图 4-63 所示的结果。

3）同理绘制后面 *R*30 的凸圆弧，结果如图 4-64 所示。

（6）创建左面的圆弧曲线

1）创建 *R*25 和 *R*20 的圆弧。创建工作坐标系，使其 *XC-YC* 坐标平面与圆弧共面；三点创建 *R*25 和 *R*20 的圆弧（圆弧的起始点分别为直线的端点和中点），得到如图 4-65 所示的结果。

2）隐藏上面的三条直线，并创建 *R*15 的过渡弧。选择主菜单"插入"→"曲线"→

"基本曲线"命令，弹出"基本曲线"对话框，在该对话框中，选择圆角图标⏋，弹出"曲线倒圆"对话框，在该对话框中，选择两条曲线圆角图标⏋，输入半径"15"，分别拾取 R25 和 R20 的圆弧，再点选圆心位置，得到如图 4-66 所示的结果。

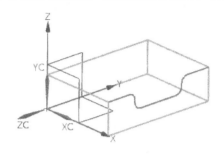

图 4-62　创建工作坐标系

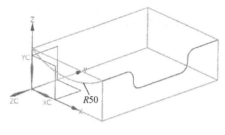

图 4-63　创建 R50 的凹圆弧

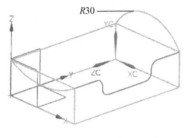

图 4-64　R30 的凸圆弧

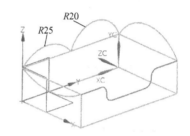

图 4-65　R25 和 R20 的圆弧

3）将左侧面曲线连接成一条样条线。单击图标或单击主菜单"插入"→"来自曲线集的曲线"→"连结曲线"选项，打开"连结曲线"对话框，点选要连结的曲线，单击"确定"按钮，完成曲线的连结。如图 4-67 所示，完成线架造型。

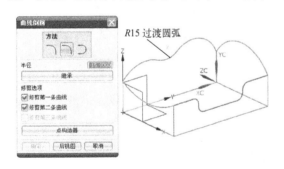

图 4-66　创建 R15 的过渡弧

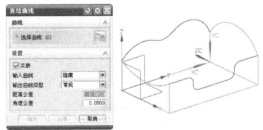

图 4-67　曲线连结

（7）侧围面

创建侧围面。单击"曲面"工具条中的直纹面图标或单击主菜单"插入"→"网格曲面"→"直纹面"选项，弹出"直纹"对话框，点选线 1，单击鼠标中键确认，再点选线 2，单击"应用"按钮，完成左侧面的创建，用同样方法完成其他 3 个侧面的创建。完成侧围面创建，如图 4-68 所示。

（8）创建顶面

单击图标或单击主菜单"插入"→"网格曲面"→"通过曲线网格"选项，弹出"通过曲线网格"对话框；选择主曲线：点选右侧曲线，单击鼠标中键，该曲线一端出现箭头；再点选左侧曲线（注意每条主曲线的箭头方向应一致）；选择交叉曲线：在"交叉曲线"选项组中单击图标，点选前面圆弧，单击鼠标中键，再点选后面的圆弧，然后单击"确定"按钮，完成顶面建模，如图 4-69 所示。

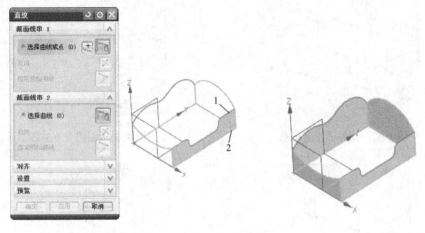

图 4-68 创建侧围面

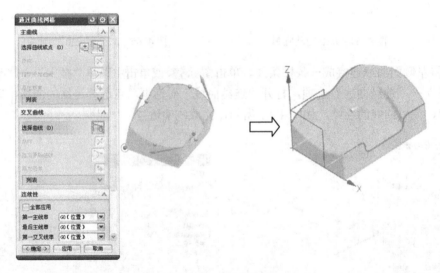

图 4-69 创建顶面

（9）曲面缝合

单击"曲面"工具条中的"缝合"按钮，或单击主菜单"插入"→"组合"→"缝合"选项弹出"缝合"对话框，点选底面片体作为目标体，然后单击"工具"选项组下的选择片体，接着添加其他片体，单击"确定"按钮，完成缝合。结果如图 4-70 所示。

（10）曲面加厚

单击图标或单击主菜单"插入"→"偏置/缩放"→"加厚"选项，弹出"加厚"对话框，点选要加厚的曲面，在"厚度"选项组中，偏置 1 中输入"1"，偏置 2 中输入"0"，方向向内，单击"确定"按钮，得到如图 4-71 所示的结果。

178

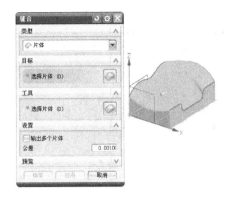

图 4-70　曲面缝合

图 4-71　曲面加厚

4.3.3　任务拓展（摩托车头盔三维线架及曲面建模）

完成如图 4-72 所示的摩托车头盔三维线架、曲面及摩托车头盔实体的建模。通过该实例主要掌握的命令有：直线、椭圆、样条线、艺术样条线、曲线修剪、曲线分割、曲线过渡圆角、拉伸片体、扫掠、镜像特征、修剪体、曲面加厚等。

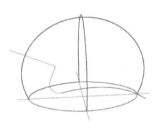

图 4-72　摩托车头盔

1. 绘制草图思路

① 创建摩托车头盔线架；② 创建摩托车头盔曲面；③ 创建摩托车头盔实体。

2. 绘制步骤（见表 4-3）

表 4-3　摩托车头盔建模步骤

步　骤	绘　制　方　法	绘制结果图例
1. 摩托车头盔线架	（1）创建工作坐标系，并绘制椭圆，椭圆 WCS 中心坐标为（0,80,0），长、短半轴分别为 185、170，如图（1）所示； （2）创建工作坐标系，并绘制另一个椭圆，椭圆 WCS 中心坐标为（0,80,0），长、短半轴分别为 130、170，如图（2）所示；	图（1） 图（2）

步　骤	绘　制　方　法	绘制结果图例
	（3）绘制两条直线，起始点 WCS 坐标分别为：（200,0,0）、（−200,0,0）和（0,0,200）、（0,0, −200），如图（3）所示；	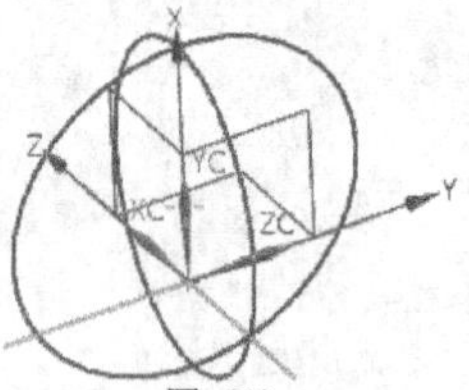 图（3）
	（4）修剪曲线，如图（4）所示；	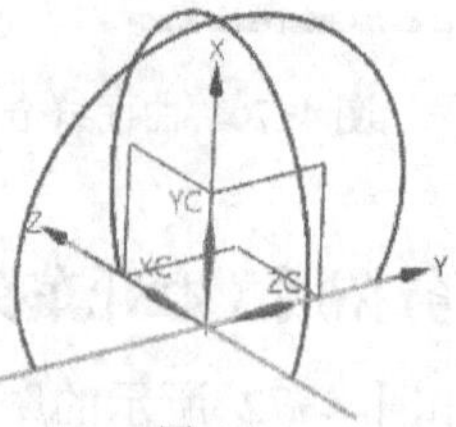 图（4）
1. 摩托车头盔线架	（5）经过椭圆弧的 4 个端点，绘制闭合的样条线，如图（5）所示；	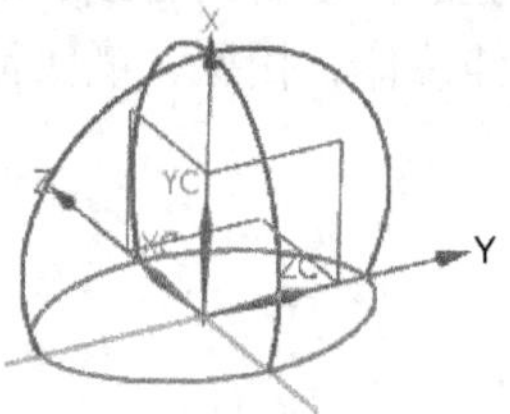 图（5）
	（6）曲线分割：将闭合的样条线在椭圆弧的 4 个端点处分割为 4 段，将长轴是 185 的椭圆弧分割为 2 段，如图（6）所示；	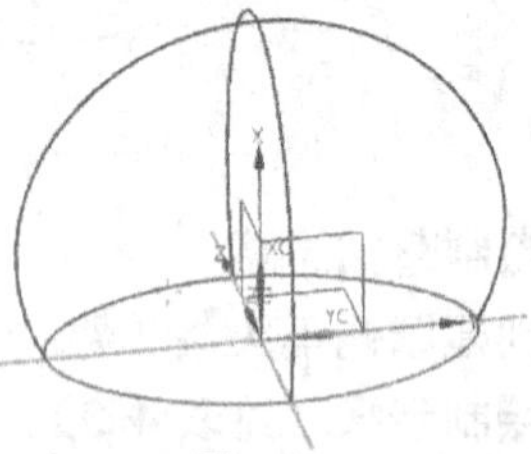 图（6）
	（7）绘制 1、2 两条直线和艺术样条线（自行设计），如图（7）所示；	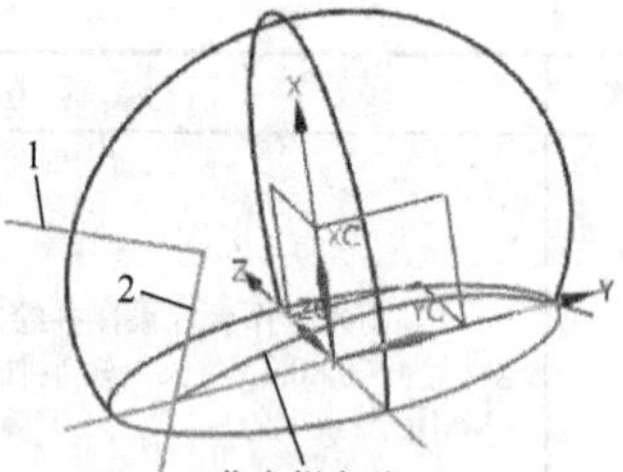 艺术样条线 图（7）
	（8）在直线 2 和艺术样条线之间绘制过渡圆弧 R30。完成摩托车头盔线架造型，如图（8）所示	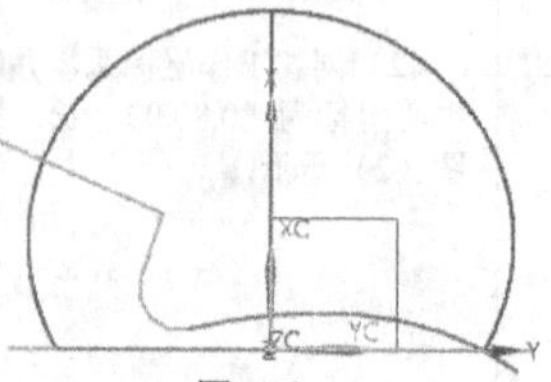 图（8）

步　骤	绘 制 方 法	绘制结果图例
2. 创建摩托车头盔曲面	（1）扫掠，由一条截面线，三条引导线创建半个摩托车头盔曲面，如图（9）所示； （2）镜像特征，创建另一半摩托车头盔曲面，如图（10）所示； （3）曲面缝合，将两曲面缝合为一体； （4）拉伸，得到片体A，如图（11）所示； （5）修剪体：以头盔曲面为目标体，用拉伸的片体为工具体进行修剪，完成摩托车头盔曲面的创建，如图（12）所示	图（9） 图（10） 图（11） 图（12）
3. 创建摩托车头盔实体	（1）隐藏所有的曲线和拉伸的片体，并修改颜色，如图（13）所示；	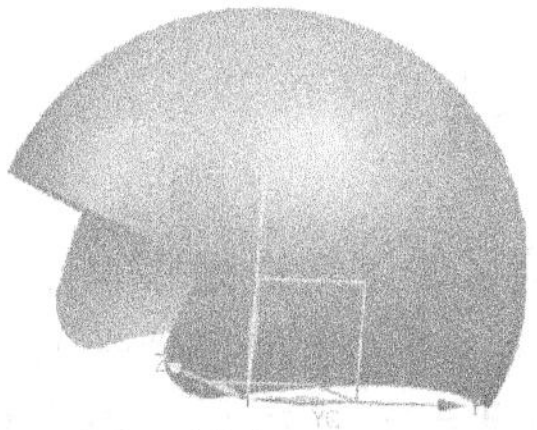 图（13）

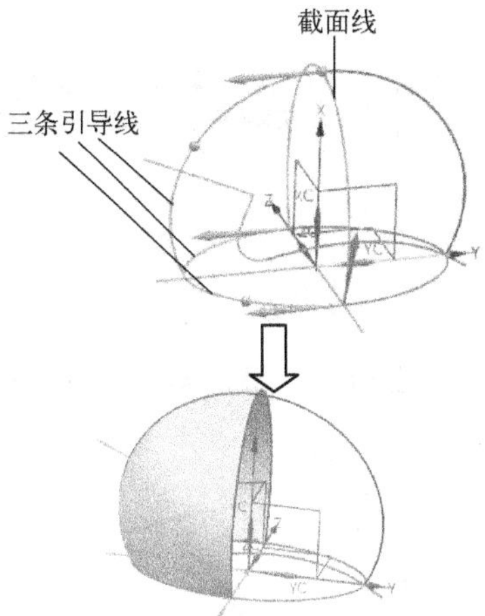

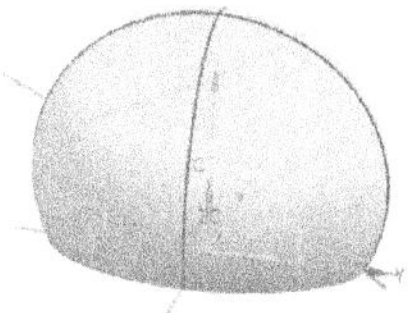

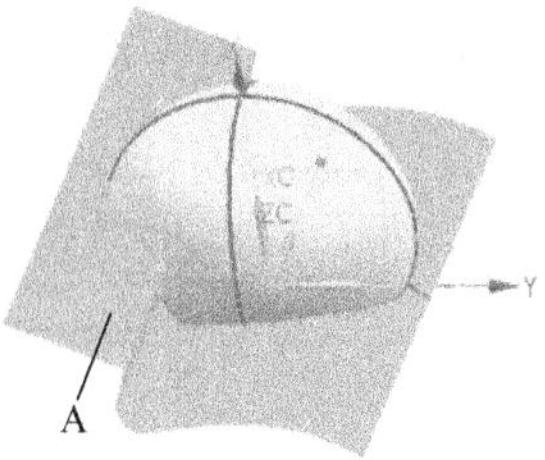

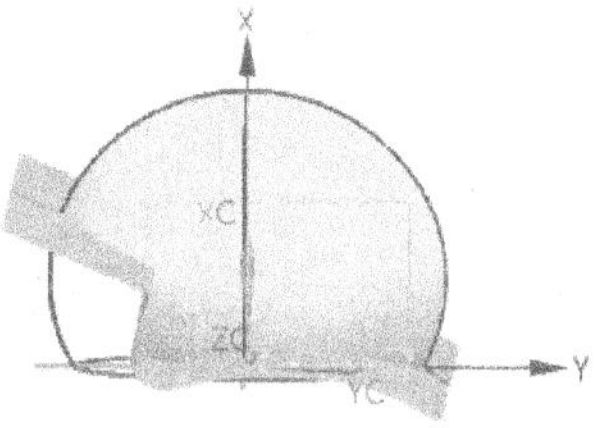

步　骤	绘 制 方 法	绘制结果图例
3. 创建摩托车头盔实体	（2）曲面加厚，向内加厚 3，并隐藏曲面，完成摩托车头盔实体的创建，如图（14）所示	图（14）

4.3.4　任务实践

1. 完成图 4-73、图 4-74 所示零件的线架及曲面建模。

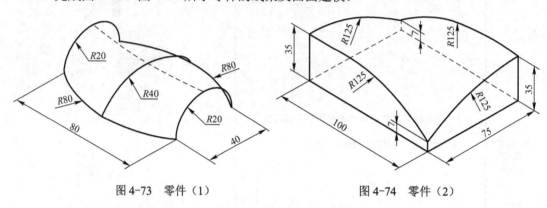

图 4-73　零件（1）　　　　　　图 4-74　零件（2）

2. 参考图 4-75 设计水壶。

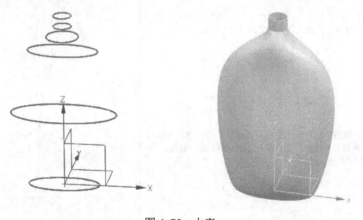

图 4-75　水壶

项目小结

本项目通过知识链接和任务实践深入浅出地介绍了 UG NX 软件曲线功能和曲面创建的操作知识。通过本项目的学习，掌握曲线绘制与编辑、曲面创建与编辑的方法，可以熟练使用"曲线"工具条中的直线、圆、圆弧、矩形、多边形、椭圆、样条线等曲线创建命令，倒圆角、制作拐角、曲线修剪等曲线编辑命令，直纹、通过曲线组、通过网格曲线、扫掠、修剪片体、曲面加厚、曲面缝合等曲面操作命令。掌握三维线架的创建、曲面创建、缝合实体等知识。在任务实践方面，应注重于通过范例来体会曲面图形的制作思路和步骤，学会举一反三。

项目考核

一、填空

1．利用_____命令，可以将一条或多条曲线按一定矢量平移一定距离。

2．圆弧和圆是构建复杂几何曲线的基本图素之一，其创建方式有两种，分别是_____、_____方法。

3．分割曲线是将曲线分割成多个节段，各节段成为独立的操作对象。分割后原来的曲线参数_____。

4．利用"圆弧和圆"功能绘制整圆时，在"圆弧/圆"对话框中，_____"整圆"勾选，可以用三点画圆或给定中心画圆两种方法画整圆。

5．_____是严格通过两条截面线串而生成的直纹片体，它主要表现为在两个截面之间创建线性过渡的曲面。

6．_____工具可以将曲线按一定的距离向指定方向偏置复制出一条新的曲线，若偏置对象为封闭的曲线元素，则将曲线元素放大或缩小。

二、选择题

1．绘制艺术样条曲线的类型方法有（　　　）。
　　A．通过极点　　　B．通过点　　　C．拟合曲线　　　　D．与平面垂直

2．下列4种建立曲面的命令中，可以设置边界约束的有（　　　）。
　　A．直纹　　　　　B．有界平面　　C．通过曲线网格　D．四点曲面

3．将闭合的片体转化为实体，应采用下面的方法是（　　　）。
　　A．曲面缝合　　　B．修剪体　　　C．补片　　　　　　D．布尔运算-求和

4．将一条已存在的曲线转换到一个曲面上去建立一新曲线，应采用的方法是（　　　）。
　　A．曲线连接　　　B．曲线修剪　　C．曲线分割　　　D．曲线投影

5．当创建一个直纹特征时，截面线串的数量最多是（　　　）。
　　A．3条　　　　　B．2条　　　　　C．不限制　　　　D．比阶次多1

三、判断题（错误的打×，正确的打√）

1．N边曲面是由多个相连接的曲线而生成的曲面，而且相连接的各段曲线必须首尾相连形成封闭图形。（　　　）

2．有界平面是由在同一平面的封闭的曲线轮廓而生成的平面，曲线轮廓可以是一条曲线，也可以是多条曲线首尾相连的封闭轮廓。（　　　）

3．"基本曲线"对话框包括：直线、圆弧、圆和圆角以及修剪、编辑曲线参数等6个工具按钮。（　　　）

4．基本曲线中的圆角功能就是利用圆弧在两个相邻边之间形成的圆弧过渡，产生的圆弧相切于相邻的两条边。（　　　）

5．利用曲线修剪功能修剪曲线，在选择要修建的曲线时，应点选要保留的部位。
（　　）

6．利用投影曲线功能只能将曲线投影到指定的平面上。（　　）

7．曲线投影功能只能将曲线沿投影面的法线方向投影。（　　）

四、问答题

1．简述曲面创建的步骤。

2．简述构造曲面的一般原则。

3．简述扫掠曲面的含义。其引导线最多可以选几条？

五．上机操作题

1．完成图4-76、图4-77所示零件的线架和曲面建模。

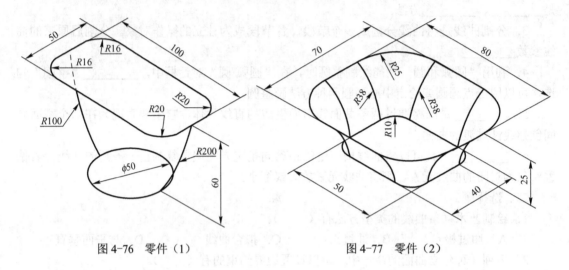

图4-76　零件（1）　　　　　　　　图4-77　零件（2）

2．参考图4-78设计咖啡壶。

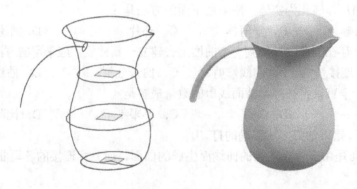

图4-78　咖啡壶

184

项目 5 部件及产品的虚拟装配

一部机械产品往往由成千上万个零件组成，装配就是把加工好的零件按一定的顺序和技术连接到一起，成为一部完整的产品，并且可靠地实现产品设计的功能。

装配模型是表达机器或部件的三维实体模型，可以帮助使用者了解机器或部件的机构特征，为安装、检验和维修提供技术资料。所以创建装配模型是零部件设计、制造、使用、维修和技术交流的重要技术文件之一。

装配设计模块是 UG NX 中的一个非常重要的模块，该模块能够将产品的各个零部件快速组合在一起，形成产品的整体结构。由于在零部件组合过程中使用了模拟真实装配工作中的次序及配合关系，因此这种在软件中完成的模拟装配过程又被称为虚拟装配，虚拟装配与参数化设计、相关性一样是代表大型三维 CAD/CAE/CAM 集成软件系统的重要技术特点。

此外，在该模块中还允许对装配模型执行间隙分析、重量管理，以及将装配机构引入到装配工程图等操作。

【能力目标】

1. 掌握 UG 虚拟装配的方法。

2. 能够完成较复杂机构的虚拟装配操作。

【知识目标】

1. 虚拟装配的概念。

2. 装配约束的使用。

3. 自下而上的装配过程。

4. 自上而下的装配过程。

5. 爆炸图的操作。

【知识链接】

5.1 装配基础知识

5.1.1 装配建模界面介绍

在 UG NX 中进行装配操作，首先要进入装配界面，如图 5-1 所示，选择"开始"→"装配"即可。

进入装配环境后，会发现在工具栏中多了一个"装配"工具栏，同时在装配导航器中出现了装配体的文件结构及相关文件信息。

"装配"工具栏中常用按钮及使用方法如下。

添加组件：可以使用已有零件文件或新建零件文件建立子一级装配。

移动组件：可以通过对零件的拖曳进行零件的初始定位，以方便后续的精确定位。

装配约束 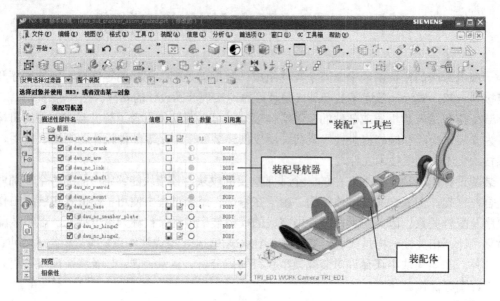：虚拟装配中的核心功能，通过该功能可以模拟真实场景来定义零部件间的几何位置关系及配合方式，主要包括同心、对齐、平行等，从而实现与真实产品一样的精确定位及配合。

图 5-1　虚拟装配操作界面

WAVE 几何链接器 ：WAVE 是针对装配级的一种技术，是参数化建模技术与系统工程的有机结合，提供了实际工程产品设计中所需要的自上而下的设计环境。

装配导航器中列出了装配文件中重要的相关信息，如图 5-2 所示，主要包括如下内容。

装配结构树：除了列出了装配体中的所有文件之外，还表达了装配结构的父子关系，使用者可以直接在结构树上选择需要编辑的零部件，并可以使用各种快捷方式对文件进行操作。

已修改：该栏表示文件的状态，如果文件已经被编辑但没有保存，即会有标记显示，如图 5-2 中的 dau_nut_cracker_assm_mated、dau_nc_base、dau_nc_hinge2 文件即处于这种状态。

位置度：反映了零部件的几何约束状态，其中完全被约束的零部件用实心圆 ● 来表示，只有部分约束的零部件用半圆 ◐ 来表示，而没有任何约束关系的零部件用空心圆 ○ 来表示。

数量：列出总装配体和每个部件包含的所有零部件数量。

引用集：列出了所有零部件所使用的引用集种类。

图 5-2　装配导航器

5.1.2 虚拟装配的基本概念

要了解虚拟装配的技术内容并能够熟练使用装配模块中的各种功能，必须要了解虚拟装配的基本概念。

UG NX 的虚拟装配是指通过真实的装配关系在部件之间建立约束关系，以确定部件在装配体中的准确位置。在装配中，无论如何编辑装配体或在何处编辑装配体，整个装配体中各个部件都保持关联性，如果某个部件修改，则引用的装配体将自动更新。

设计一个虚拟装配模型主要包括两个步骤：首先确定装配体的成员及其装配关系，这个过程实际上是确定这个装配体框架的工作；然后根据这个框架将所需的零件模型集中到一个UG 文件中，并根据已经确定的框架来定义这些零件模型的位置关系，得到所需的产品。

装配结构树：在工程设计中，装配是根据规定的技术条件和精度，将零件组合成组件，并进一步结合成部件以至整台机器的过程，这个过程中的零件关系可以用树状结构图来表达，如图 5-3 所示，这种树状结构图又称为装配结构树，这个装配结构树就是装配体的框架。

根据不同零部件在装配结构树中的位置，可分为多个层级，自上而下依次为：装配体、部件、组件、零件。装配结构树的结构是灵活的，处于每一分支的最底层一定是一个单独的零件，整个装配结构树的最顶层可以称为总装配体，中间的级数可以根据产品的实际情况来确定，最少是两级，最大数量为无限。

一旦完成了装配结构树的构建，零部件之间就建立了"父子关系"，因此在设计过程中不能出现逻辑性混乱。如图 5-4 所示，B 已经被定位为 A 的下一级部件，如果再将 A 添加到 B 的下面，系统就会报错，并拒绝执行。

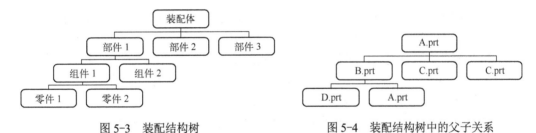

图 5-3 装配结构树　　　　　　　　图 5-4 装配结构树中的父子关系

装配约束：在装配体中，每个成员都应该有一个唯一、指定的位置，不同成员之间可能会存在一定的位置关系，施加装配约束的过程就是来限制每个零件模型的自由度，确定其位置的过程，在三维空间包括 6 个自由度，通常来讲需要将这 6 个自由度全部进行限制，但有些特殊产品需要保留部分自由度，如轴和轴套之间就要保留旋转方向的自由度，如图 5-5 所示。

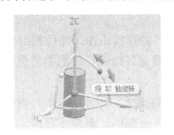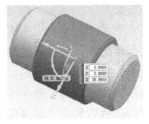

图 5-5 零件之间的位置约束

5.1.3　虚拟装配的文件结构

装配体的文件结构与单独的零件文件有很大的不同。零件只是一个单独的文件，而装配体是多个文件，装配结构树里的每一个文件都应该有一个对应的.prt 文件，为了方便使用，这些文件应该存放在一个文件夹里，如图5-6 所示。

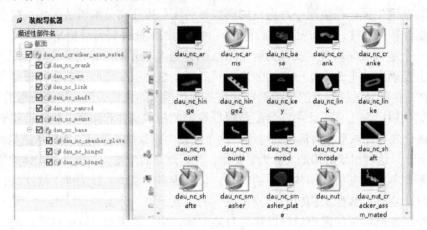

图 5-6　虚拟装配文件结构

对于每一个单独的零件，都会有一个唯一的.prt 文件与之相对应，而对于在不同位置重复使用的零件，如螺栓、销钉等标准件，则是每个规格的对应一个.prt 文件。

这里要特别注意以下两点。

1）装配结构树里的文件名称一定要和文件夹里的文件名称一致，不要在文件夹里随意改变文件名称，否则将无法正确调用。

2）每个文件在设计过程中可能会产生不同的版本，此时一定要在文件名称中将版本号体现出来，否则可能会出现文件版本调用错误，从而导致在实际生产过程中产生错误。

另外对于最上一级的总装配文件，可以采用如下两种形式。

① 文件中不包含任何几何特征元素，只有零部件之间的约束关系的记录。

② 以一个产品的某一个零件为最上一级装配文件，将其他文件附加在它身上，这样总装配文件中既有几何特征元素，又有约束关系的记录，如可以将某一机器的底座作为总装配体。

5.1.4　虚拟装配的主要建模方法

在进行虚拟装配建模时，根据添加组件的方式不同可以分为两种基本的建模方式：自下而上装配和自上而下装配。

自下而上装配的步骤是：首先完成所有零件的建模工作，然后利用"添加组件"命令，将所有零件分别添加到装配中，并设置约束，确定各组件在装配中的位置。这是一个"凑零为整"的过程，如图5-7 所示。

自上而下装配的步骤是：首先创建一个新的模型文件，这个文件就是将来装配体文件中级别最高的总装配文件，然后利用"新建组件"命令，创建下层级别的文件，完成装配结构树的搭建。创建下层级别文件时，可以是一个空文件，也可以从父级模型中选择所需的几何特征。这是一个"化整为零"的过程，如图5-8 所示。

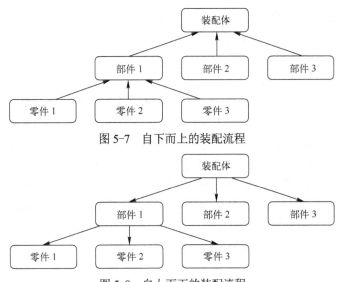

图 5-7　自下而上的装配流程

图 5-8　自上而下的装配流程

在实际设计过程中，并不是单纯地选择一种装配方式完成全部过程，通常是混用以上两种装配方式。实际的产品设计流程如下。

产品总体设计，在这个过程要确定产品的总体结构、关键参数，这时主要是概念设计，还不需进行建模工作，装配结构树的框架就是这部分工作的结果之一。

关键部件设计，这部分工作就是要根据总体设计时确定的参数和框架进行一些关键零部件的建模工作，这些零部件通常都是非标准件，这时比较多的是采用自上而下的设计方法。

细节设计，这是设计的收尾阶段，对于机械产品来说通常需要将螺栓、弹簧、齿轮、销钉等一些已有的标准零部件添加进来，所以这时通常是采用自下而上的设计方法。

无论采用哪种装配方式，最重要的都是先要设计好装配结构树的框架，这是装配建模的核心内容。

5.2　任务 1　学习自下而上的装配过程

【学习目标】

1．掌握自下而上的装配方法。

2．掌握零件定位方法。

3．掌握虚拟装配的零部件操作方法。

【学习重点】

综合运用各种装配命令完成自下而上的装配操作。

【学习难点】

掌握装配定位的技巧。

5.2.1　脚轮的装配流程

进行自下而上的装配建模流程如下。

1）完成所有零件的设计。

2）分析并确认零件之间的位置关系，制定装配工艺。

3）按装配工艺的顺序调入零件文件。

4）按位置关系添加约束条件。

下面以脚轮为例进行说明。

根据装配图，如图 5-9 所示，可以发现脚轮包括 5 个零件，分别是支架 1、销轴 2、脚轮 3、垫片 4、插销 5。

这个产品的装配流程应该是：先将脚轮 3 放入支架 1 下，并将轴心对齐，然后插入销轴 2，将其固定；然后将插销 5 从上插入到支架的孔里，中间放上垫片 4。

整个产品中零件之间常用的定位关系以同轴为主，脚轮与支架之间、销轴与另外两个零件，都要通过同轴来定位。其次是面与面之间的距离，脚轮端面与支架之间、销轴的端面与支架之间，都要有一定的间隙，这样才能保证脚轮的运动功能。

完成以上分析工作后，可以开始进行装配建模的操作。

分步装配过程如下。

第一步：建立一个总装配文件 assemble.prt，这个文件中不包含任何几何特征，仅记录装配关系；

第二步：装入 1 号零件 cdt_fork_caster.prt。

在"装配"工具栏单击"添加组件"图标 ，弹出"添加组件"对话框，如图 5-10 所示，在该对话框中单击"打开"，在弹出的"文件"对话框中找到 cdt_fork_caster.prt，单击"Ok"，此时会出现"组件预览"窗口，确认文件无误后单击"确定"，即可完成文件添加。

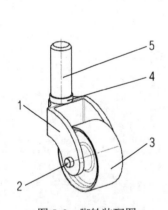

图 5-9　脚轮装配图

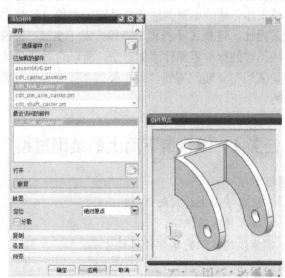

图 5-10　加入已有零件

在添加组件时还要注意以下选项的设置。

定位：包括绝对原点、选择原点、通过约束、移动 4 种方式来对添加组件进行初始定位，如图 5-11 所示。

绝对原点：使新添加组件的绝对坐标系与装配文件的绝对坐标系重合，来进行零件定位。

选择圆点：通过在屏幕上点选一个位置，这个点将与添加组件的坐标原点重合来对零件进行定位。

通过约束：选择该方式，将在调入零件后直接进入"装配约束"环境，来对新添加零件进行精确的定位。

移动：选择该方式，将在调入零件后直接打开"移动组件"对话框，然后利用鼠标拖曳来改变这个组件的位置和角度。

引用集：包括模型、整个部件、空 3 个选项。

每一个实体模型中都包含大量的几何元素，这些几何元素可以分为实体、曲线、曲面、基准等几大类，而引用集的作用就是来控制装配各组件装入计算机内存的数据量，防止图形混淆和加载大量的参数，从而提高运行速度。引用集默认的选项是"模型"，那么在装入组件时只会将实体类特征装入内存，避免将曲面、曲线、基准等元素载入。如果选择"整个部件"，则会将组件的全部数据调入内存。如果选择"空"，则该部件只会出现在装配导航器中，而不会在屏幕上显示，如图 5-12 所示。

图 5-11　添加零件定位选项

图 5-12　引用集选项

在设计过程中，可以随时根据需要对引用集进行替换，如添加组件使用的是默认的"模型"引用集，则只显示实体特征，如果需要使用该组件的基准特征，则只需在装配导航器中选择该组件，然后再装配工具栏中单击"替换引用集"的下拉箭头，选择"整个部件"，即可显示组件中的所有几何元素。同样，如果为了操作方便不想显示某个组件，只需将其引用集改为"空"即可。

图层选项：包括原始的、工作、按指定的 3 种选项，默认为原始的，如图 5-13 所示。

本任务按照默认的选项将 cdt_fork_caster.prt 零件添加到装配体里。

图 5-13　图层选项

作为基体零件，需要对其施加"固定"约束 ，这样就可以固定其位置，保证在后续的装配过程中不发生偏移。

添加约束需要通过单击装配工具栏里的按钮 ，打开"装配约束"对话框，从中选择"固定" ，如图 5-14 所示。

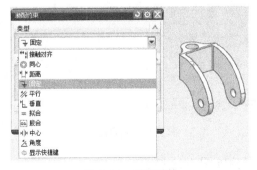

图 5-14　固定零件

第三步：装入脚轮并进行约束。

按照上一步方法装入脚轮文件 cdt_wheel_caster.prt。注意：装入时定位选项设为"选择原点"，将脚轮放置在支架附近，如图 5-15 所示。

打开"装配约束"对话框，选择"接触对齐"，然后分别选择脚轮的轴心和支架的孔心，进行同轴约束，如图 5-16 所示。

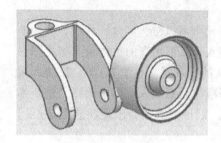 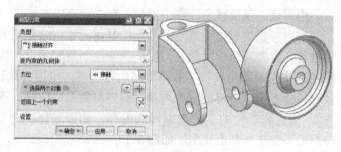

图 5-15　加入脚轮　　　　　　　　　　　　图 5-16　同轴约束

选择"接触对齐"，然后分别在两个实体上选择需要对齐的面，单击"确定"或"应用"后即可完成约束。

接触对齐包括 4 种子模式，分别如下。

① 首选接触　：自动判断对齐方式。

② 接触　：面对面的对齐方式。

③ 对齐　：一种平行的对齐方式。

④ 自动判断中心/轴　：对回转体零件进行同轴对齐。

分别测量脚轮的宽度和支架中间的宽度，确定它们之间的间隙值，如图 5-17 所示，然后在脚轮端面和支架内表面之间进行距离约束，如图 5-18 所示。

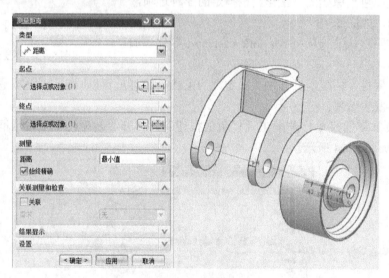

图 5-17　测量距离

完成的脚轮与支架的约束如图 5-19 所示。

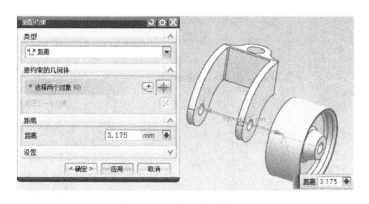
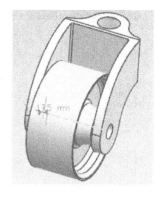

图 5-18　添加距离约束　　　　　　　　　　　　　　图 5-19　完成约束

第四步：装配销轴。

调入销轴零件，同样施加同轴和距离约束，如图 5-20、图 5-21 所示。

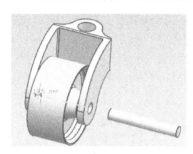
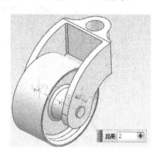

图 5-20　添加销轴　　　　　　　　　　　　图 5-21　约束销轴

第五步：装配插销部件。

打开插销零件文件 cdt_shaft_caster.prt，然后将垫片零件文件 cdt_spacer_caster.prt 调入，如图 5-22 所示，并对这两个零件施加同轴和面接触约束，即完成了小部件的装配，如图 5-23 所示。

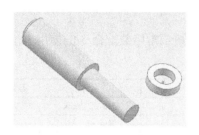
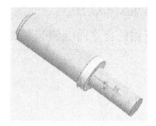

图 5-22　插销和垫片　　　　　　　　　　　图 5-23　插销部件

第六步：装入插销部件。

通过窗口切换重新回到 assemble.prt 文件，在添加组件时选择插销零件 cdt_shaft_caster.prt，这时发现调入的零件是刚刚完成的小部件，如图 5-24 所示。

对这个部件施加同轴和面接触约束，即完成了整个部件的装配，如图 5-25 所示。

这时观察一下装配导航器和约束导航器有什么变化？如图 5-26、图 5-27 所示。

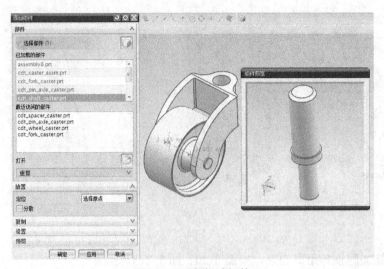

图 5-24 添加插销部件   图 5-25 最终产品

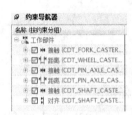

图 5-26 装配导航器   图 5-27 约束导航器

5.2.2 夹钳的装配过程

下面以夹钳的自下而上的装配过程为例，来演示常用装配命令的使用方法，如图 5-28 所示。

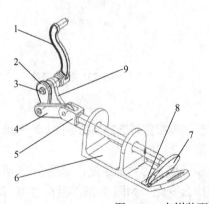

件号	名称	数量
1	dau_nc_crank	1
2	dau_nc_arm	1
3	dau_nc_shaft	1
4	dau_nc_link	1
5	dau_nc_ramrod	1
6	dau_nc_base	1
7	dau_nc_smasher_plate	1
8	dau_nc_hinge2	2
9	dau_nc_mount	1

图 5-28 夹钳装配图以及零件明细表

194

上图为夹钳装配图及零件明细表，首先应按照零件明细表将所有 9 种零件的实体模型文件准备好，并存放在同一文件夹内，然后开始进行装配工作。

首先应仔细观察装配图，了解产品结构、运动方式、使用方法，了解了这些内容之后，需要制定一个装配工艺，装配工艺的主要内容包括装配的顺序和零件之间的定位关系，这个过程跟真实生产的装配过程是一样的。

根据装配图，可以发现 6 号零件与 9 号零件共同构成了夹钳的底座，是所有零件中体积最大的一个，在产品工作过程中不会产生运动的，通常的装配建模都是先将这样的零件装入并固定其位置，作为其他零件的装配基础，这也符合实际装配工作的流程。

这个产品的工作方式是人工转动 1 号零件，然后通过 2 号零件、4 号零件组成的连杆机构将动力传递给 5 号零件，最后由 5 号零件推动 7 号零件完成工作。

通过以上分析可以确定装配顺序为：6 号、9 号、8 号、7 号、3 号、1 号、2 号、5 号、4 号。

整个产品中，零件之间常用的定位关系包括面与面之间的贴合、轴与孔的同心，其中最重要的是 5 号零件前端半圆头与 7 号零件表面的相切关系。

完成以上分析工作后，可以开始进行装配建模的操作。

1．分步装配过程

第一步：建立一个总装配文件 dau_nut_cracker_assm_mated.prt，这个文件中不包含任何几何特征，仅记录装配关系。

第二步：装入 6 号零件 dau_nc_base.prt。

在"装配"工具栏单击"添加组件"图标，即弹出"添加组件"对话框，在该对话框中单击"打开"按钮，在弹出的"文件"对话框中找到 dau_nc_base.prt，单击"Ok"，此时会出现"组件预览"窗口，确认文件无误后单击"确定"，即可完成文件添加，如图 5-29 所示。

图 5-29　添加底座

现在按照默认的选项将 dau_nc_base.prt 零件添加到装配体里，作为基体零件，需要对其施加"固定"约束 🔲，这样就可以固定其位置，保证在后续的装配过程中不发生偏移。

第三步：按照上一步的操作装入 9 号零件，并进行接触定位，如图 5-30 所示。

图 5-30　接触对齐

对于 6 号件和 9 号件之间，可以通过 3 组面与面之间的"接触对齐"方式实现完全约束。

对于其他两组面应该选择"对齐"的配合方式，否则会出现方向的错误。

这时可以看到在装配导航器中出现了约束列表，记录了已有的约束关系。可以从这个列表中对约束关系进行选择、编辑、删除等操作。

第四步：装入 8 号零件，8 号零件共有 2 件，组合在一起构成了一片合页。

依旧按照添加组件方式添加 dau_nc_hinge2.prt 零件，不同的是将重复数量设为"2"，定位设为"选择原点"。然后在屏幕上选择一点，即可完成 2 个零件的添加，如图 5-31 所示。

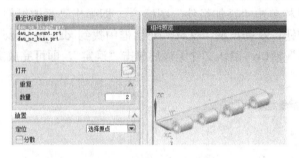

图 5-31　同时添加两个零件

此时发现在装配导航器中出现 2 个 8 号零件，而在屏幕工作区域里只有一个实体，这是因为两个文件位置重叠在一起的结果，如图 5-32 所示。

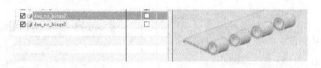

图 5-32　文件位置重叠

这时可以通过"移动组件"功能将这两个实体分开，并分别拖曳到准确的装配位置附近。单击"装配"工具栏的"移动组件"按钮，即可打开"移动组件"对话框，如图 5-33 所示。先通过装配导航器或在屏幕上点选来选定要移动的零件，然后在对话框中单击"指定方位"，出现动态坐标系，利用该坐标系即可进行零件的重定位。

其移动方式有如下几种。

196

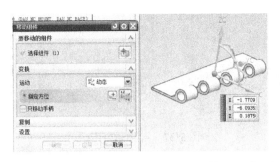

图 5-33 移动组件

① 用鼠标选定坐标箭头并拖动，按坐标方向平移。

② 用鼠标选定坐标原点处的大球并拖动，零件按拖动方向整体移动。

③ 用鼠标选定两根坐标轴之间的小圆球并拖动，零件可以旋转。

先将这两个零件拖动到如图所示的位置，然后即可用"装配约束"进行精确定位。

先用 3 组接触对齐完成对一片合页的定位，如图 5-34 所示。

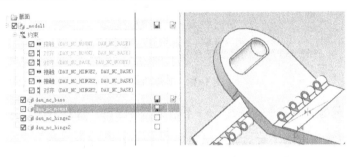

图 5-34 接触对齐定位

然后对第二片合页进行定位。此时定位不再是与 6 号零件之间的了，而是两片合页之间的。另外，这片合页是能够转动的活动零件，因此要保留一个方向的自由度，而不是完全定位，因此只需一个面对面对齐、一个同轴对齐即可，如图 5-35 所示。

第五步：装入 7 号零件，7 号零件需要与第二片合页进行完全约束。完全约束需要两个面对面约束、一个同轴对齐约束即可，如图 5-36 所示。

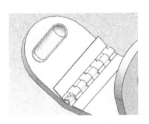

图 5-35 不完全约束

图 5-36 完全约束

第六步：装入 3 号零件。通过分析可知，3 号零件是一个两端被削平的销轴，插入 9 号端部的孔中，并同时连接 1 号、2 号零件，这时这些零件平面之间不再是对齐贴紧的关系，应该是保留一定的间隙，以保证灵活运动，因此，这些面与面之间应该采用"距离"定位方式，在定位之前应先确定间隙数值，如图 5-37 所示。

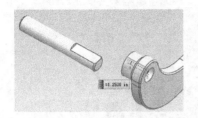

图 5-37　测量间隙距离

通过测量可知，9 号零件孔的长度为 1.25in，而 3 号销轴与之配合的圆柱部分长度为 1.5in，若均匀分配间隙，则每侧间隙值应为 0.125in。按此值定义距离约束，如图 5-38 所示。

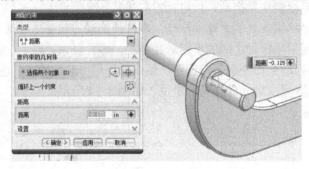

图 5-38　距离约束

3 号零件与 9 号零件只需一个同轴、一个距离约束即可，旋转方向应保留一个自由度。

注意：进行距离约束时，可以用正负号来控制距离的方向。另外，如果将距离值设为 "0"，此种约束方式可以代替对齐约束使用。

第七步：安装 1 号零件，并与 3 号零件进行约束定位。装入 3 号零件后发现，其位置和方向与工作位置都有很大差距，因此先用 "移动组件" 将其移到正确位置附近，如图 5-39 所示。

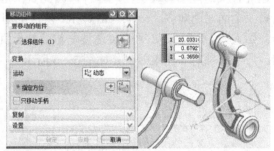

图 5-39　移动组件

1 号、3 号零件需要进行完全约束，3 个约束分别是同轴、对齐和平行，在旋转平面上需要使用 "平行" 约束，如图 5-40 所示。

第八步：安装 2 号零件，与 1 号零件类似，2 号零件在另一端与 3 号零件销轴完全约束。

依然是先利用 "移动组件" 将 3 号零件移动到大概位置，然后进行装配约束。约束与 1 号零件类似，不同之处是端面采用距离约束，并初

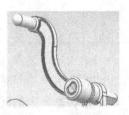

图 5-40　约束手柄

198

步将距离值定为 0.2in，这个数值在后面的装配过程中可能需要进行调整，如图 5-41 所示。

图 5-41　装配约束

第九步：安装 5 号零件，该零件也需要 3 个约束，先是与 6 号零件中心孔的同轴约束，如图 5-42 所示。

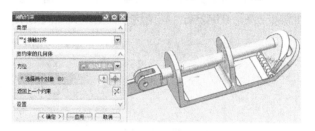

图 5-42　推杆同轴约束

第二个是其上表面与 6 号零件底面的平行约束，如图 5-43 所示。

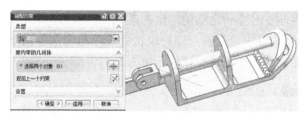

图 5-43　推杆平行约束

第三个是其端部球面与 7 号零件平面的接触约束，这是本产品中最重要的一个约束，如图 5-44 所示。

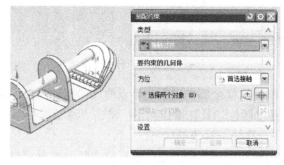

图 5-44　推杆接触约束

第十步：安装 4 号零件，这个零件也需要完全约束，并且需要与 5 号零件、2 号零件分别进行约束。首先是与 5 号零件之间的同轴约束，如图 5-45 所示。

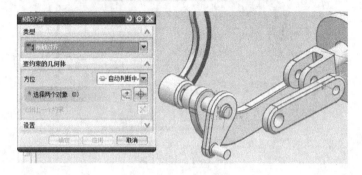

图 5-45　安装连接板

然后分别测量 5 号零件中间空隙的宽度和 4 号零件的厚度，均匀分配间隙后确定 5 号零件与 4 号零件表面之间的间隙应该是 0.0625in，利用这个数值定义距离约束，如图 5-46 所示。

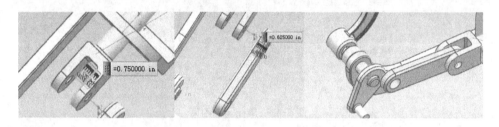

图 5-46　测量距离并进行距离约束

最后定义 4 号零件与 2 号零件之间的同轴约束。

完成约束后使用俯视图进行观察，连杆机构处间隙均匀，不需要调整。如果有干涉现象，就需要对前面的距离约束数值进行调整，如图 5-47 所示。

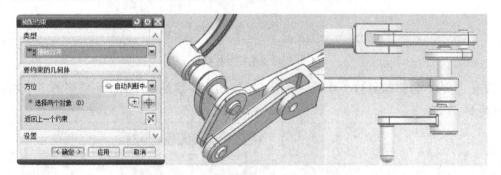

图 5-47　完成约束并进行微调

此时所有零件的装配工作就全部完成了，可以通过"移动组件"命令来模拟一下夹钳的运动，来验证一下装配的准确性。具体操作如下：单击"移动组件"图标，选择 1 号手柄零件，然后使其绕 ZC 轴进行旋转，看效果如何。

如果随着 1 号零件的转动可以将动力通过连杆机构驱动 5 号零件在水平方向往复运动，并带动 7 号板摆动，说明装配关系正确，如图 5-48 所示。

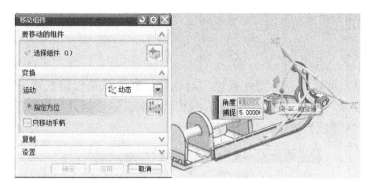

图 5-48 验证装配结果

通过以上的装配过程可以得到如下结论。

① 装配建模过程中的分析工作是最重要的，既包括装配前的分析，也包括装配过程中的分析，只有通过准确的分析，才能保证装配过程的清晰和装配关系的正确。

② 装配的顺序和约束的方式不是唯一的。

【知识扩展】

请按照不同的装配结构树和顺序对上例进行装配建模。

2．编辑组件

将组件添加到装配体以后，同样可以对该装配体中的各个组件进行各种编辑操作，这种编辑既可以是对组件整体的操作，如组件的删除、属性编辑、抑制等，也可以对组件的几何特征进行编辑，并保持关联性。

可以在装配导航器中选择需要编辑的组件后单击鼠标右键，即可弹出编辑快捷方式，如图 5-49 所示。

常用的组件编辑方式包括如下几种。

① 删除。

在删除组件时，可以选择是否同时删除与之相关的约束关系，如图 5-50 所示。

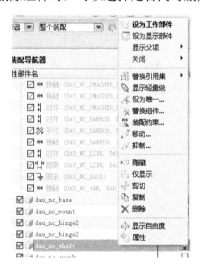

图 5-49 组件编辑右键快捷菜单

图 5-50 组件删除

② 替换引用集。

③ 抑制。

④ 属性。

单击"属性"，可以打开"组件属性"对话框，在这里可以定义或编辑零件的各种属性，如图 5-51 所示，如零件名称、材质、规格代号等，这些属性信息可用于自动生成产品明细表或用于 PDM 系统数据库。

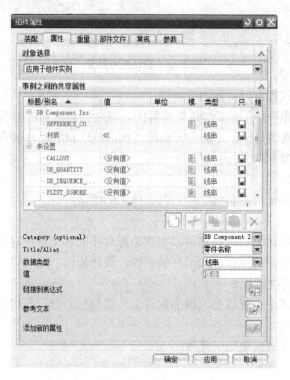

图 5-51 "组件属性"对话框

完成装配的组件还可以进行几何实体特征的编辑，这时需要将组件设为工作部件或显示部件。

如果设为工作部件，则该零件成为当前活动零件，部件导航器中会显示其几何特征列表，此时可以对其进行编辑，而其他零件变成灰色，不可选择或编辑，如图 5-52 所示。

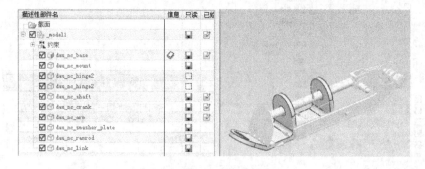

图 5-52 设置工作部件

如果设为显示部件，则会离开装配体的文件环境，进入到所选零件的工作环境，此时相当于单独打开该部件，可以使用所有实体操作命令对其进行编辑。完成编辑后，在装配导航器上单击右键，在弹出的快捷菜单中选择"显示父项"，然后单击其上级组件名称，即可回到上级装配体文件环境中，如图5-53所示。

图5-53　设置显示部件

注意：同一零件多次装配时，所有零件使用的都是同一个源文件，如果对其中一处的零件进行了编辑，则相当于对源文件进行了修改，安装在其他位置的零件会同时发生变化。

3．编辑约束

随着装配建模工作的进行，随时都会发现已有的一些约束关系有问题，这就需要对有问题的约束进行编辑，这时可以在装配导航器的约束列表中找到有问题的约束，单击右键，在弹出的快捷菜单中选择需要的编辑方式，如图5-54所示。

在本节实例中，3号销轴端部与4号零件距离太近，工作时可能发生干扰，如果将3号零件的位置向图5-55所示下方移动一点就可以解决这个问题。

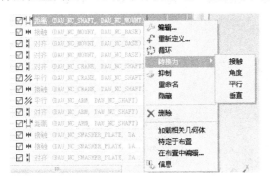

图5-54　编辑约束

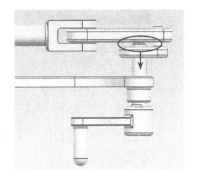

图5-55　分析约束

先在装配导航器中找到定位3号零件的约束关系，需要修改的是其中的距离约束，在右键快捷方式中选择"编辑"，然后在弹出的"编辑"对话框中将距离数值改为-0.1in，此时与4号件之间的距离增大了，安全性就提高了，如图5-56所示。

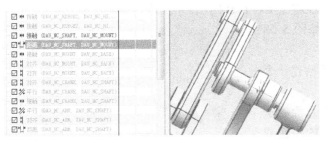

图5-56　编辑距离

除了修改数值外，还可以改变约束类型，如此例还可以将"距离"约束转换为"接触"约束，纸样相当于原来的距离约束中的距离值变成"0"，同样可以起到作用，如图5-57所示。

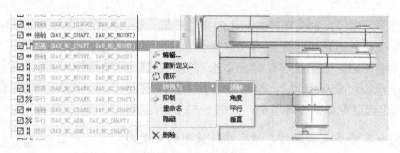

图 5-57　约束转换

4．组件的阵列与镜像

在产品装配设计过程中，经常会遇到包含线性或环形阵列分部的螺栓、销钉等定位组件，还有很多产品都是成镜像对称的，因此在进行这类设计时可以使用组件的阵列和镜像功能，以提高设计的效率。

（1）组件的阵列

在装配工具栏的"添加组件"下拉菜单中选择"创建组件阵列"命令 ，在"类选择"对话框中选择需要阵列的组件，确认后即打开"创建组件阵列"对话框，如图 5-58 所示。

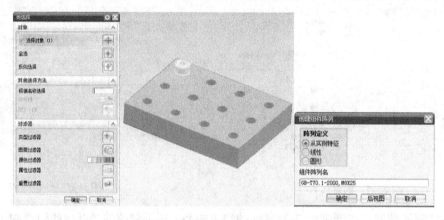

图 5-58　组件阵列

组件阵列包括 3 种方式，分别是从实例特征、线性、圆形。

① 从实例特征：要求实体中包含使用"对特征使用图样"功能生成的特征，这时可以直接对继承图样特征的参数进行阵列，如图 5-59 所示。

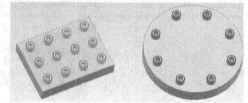

② 线性：根据设定的方向和间距创建一个二维组件阵列。

确定线性阵列的方向有 4 种方法，面的法向和基准平面的法向类似，使用选择的平面或基准面的法向作为阵列方向，如图 5-60 所示。

图 5-59　从实例阵列

边和基准轴类似，可以选择实体棱边或基准轴来定义阵列的方向。

③ 圆形：将对象沿轴线执行圆周均匀阵列操作，需要先选取旋转轴，再定义角度和数量，即可完成阵列，如图 5-61 所示。

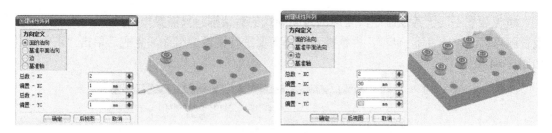

图 5-60　线性阵列

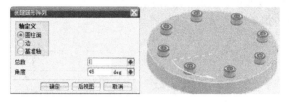

图 5-61　圆形阵列

如果需要对已有的组件阵列进行编辑，则需要使用"编辑组件阵列"命令，如图 5-62 所示。

图 5-62　编辑阵列

（2）组件的镜像

在"装配"工具栏的"添加组件"下拉菜单中选择"镜像装配"命令，即打开"镜像装配向导"对话框，如图 5-63 所示。

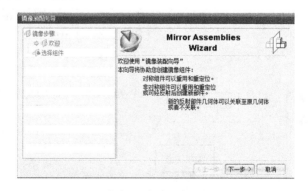

图 5-63　镜像装配向导

镜像装配不同于其他命令，采用的是向导式的对话框，只需要根据提示一步一步地进行设置就可以。单击"下一步"，根据提示选择需要进行镜像的组件，完成后单击"下一步"，如图5-64所示。

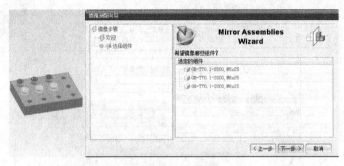

图5-64　选择组件

这时需要选择镜像的对称平面，可以选择已有平面，也可以单击对话框中的"创建基准平面"按钮打开"基准平面"对话框来根据需要新建一个基准平面。完成平面创建后单击"下一步"，如图5-65所示。

图5-65　选择镜像面

选择镜像方式，可以分别选择需要镜像的组件，定义其镜像方式是"重用和重定位"、"关联镜像"还是"非关联镜像"，确认后单击"下一步"，如图5-66所示。

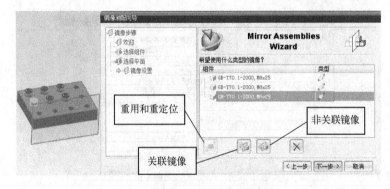

图5-66　选择镜像方式

此时出现的是最后调整界面，可以对前面设定的定位方式、对称平面、关联方式等选项进行调整，确认无误后单击"完成"，即可结束镜像操作，如图5-67所示。

图5-67　完成镜像

【任务拓展】

1. 自下而上的装配如图5-68所示的爆炸图，装配过程见表5-1。

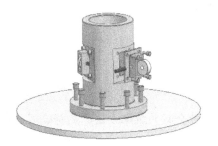

图5-68　装配爆炸图

表5-1　装配过程

步　骤	操 作 内 容	所 用 约 束	简　图
1	新建文件 安装滚轮组件	同轴接触对齐 面与面距离约束	
2	新建文件 安装本体和底盘	面与面接触对齐 同轴接触对齐 环形阵列	
3	安装滚轮组件	面与面接触对齐 同轴接触对齐 矩形阵列	
4	滚轮组件阵列	组件环形阵列	

【任务实践】

按图 5-69 所示进行平口钳装配。

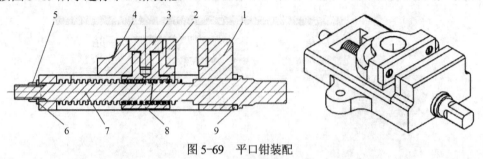

图 5-69　平口钳装配

5.3　任务 2　学习自上而下的装配过程

【学习目标】

1. 掌握自上而下装配方法。
2. 了解 WAVE 技术的应用。

【学习重点】

自上而下装配的建模思路。

【学习难点】

WAVE 技术的应用。

自上而下的装配方法是一种全新的装配方法，更符合现代制造业系统化、专业化的生产方式。

5.3.1　知识链接

图 5-70、图 5-71 表示了自上而下生产流程的运作方式，这种方式具有以下几个优点。

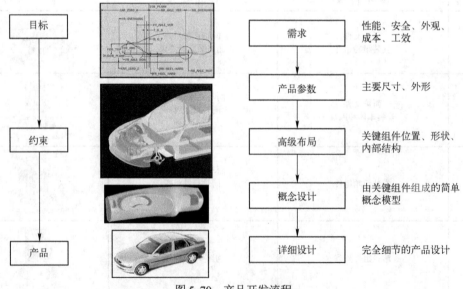

图 5-70　产品开发流程

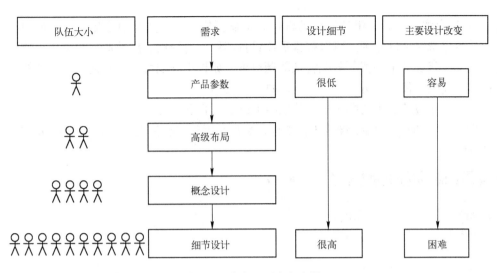

图 5-71　自上而下生产流程

① 容易实现产品的标准化、系列化。

② 容易实现规模化生产，降低产品成本。

③ 容易实现专业化生产，降低每个环节的技术含量。

④ 可以实现并行生产，缩短生产周期。

在这种生产方式的引导下，核心技术会越来越集中在少数垄断性公司手里，而世界各国的制造水平和制造成本会逐渐缩小差距，最终实现全球经济一体化。

1. 装配流程

自上而下装配包括两种方法。

（1）自上而下装配方法 1

这种方法比较简单。先建立一个模型文件，这个文件中不包含任何几何对象，然后使用"装配"工具栏中的"新建组件"命令 ，根据需要逐级创建下级子文件，最终完成这个装配结构树的搭建，然后再分别使用"工作组件"或"显示组件"对每一个零件进行详细设计。

例如，根据图 5-72 中的装配结构树在 UG 中进行自上而下文件结构设计。

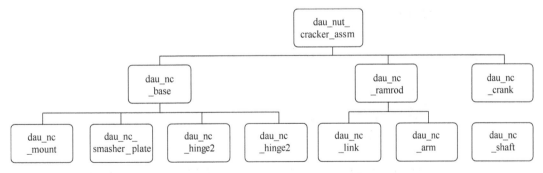

图 5-72　自上而下装配结构树

第一步：新建一个模型文件"dau_nut_cracker_assm"。

第二步：单击"装配"工具栏中的"新建组件"命令 ，输入文件名称"dau_nc_

base"，此时会弹出"新建组件"对话框，如果需要从父一级文件中分配几何特征到新文件里，可以直接选择所需特征，可以根据需要设置图层、引用集、组件原点等选项，并可以选择是否在父一级文件中保留所分配特征的源对象。如果不分配特征，只建立空文件的话可以直接确定，新的文件就会出现在下一级，如图 5-73 所示。

第三步：重复第二步的操作建立其他两个第二级的组件文件。

第四步：将 dau_nc_base 设为工作部件，然后利用新建组件创建 dau_nc_mount 文件，如图 5-74 所示。

图 5-73　新建一级组件　　　　　　　　　　　　　图 5-74　新建二级组件

第五步：重复上一步操作，新建 dau_nc_hinge2 和 dau_nc_smasher_plate 文件，然后在 dau_nc_hinge2 文件名称处单击右键，选择"复制"，在 dau_nc_base 文件名称处单击右键选择"粘贴"，即可出现 2 个 dau_nc_hinge2 文件，如图 5-75 所示。

第六步：分别将其他两个第二级文件设为工作部件，并为其添加下一级文件。

这样便按照装配结构树的设计完成了零件结构的搭建，如图 5-76 所示，接下来可以分别对每个零件进行特征设计。

图 5-75　复制二级组件　　　　　　　　　　　　图 5-76　完成装配结构树

（2）自上向下设计方法 2

这种方法是先建立一个模型文件，并进行特征设计，当特征框架设计完成后，使用"新建组件"建立下级零件文件，并把每个零件需要的特征"分配"给该零件，这是一个"化整为零"的过程。

例如，先建立一个 ass.prt 文件，并按图 5-77 创建实体特征。

然后使用"新建组件"分别建立 A.prt、B.prt 两个下级文件，在创建组件 A 时选择圆柱，在创建组件 B 时选择导套，如图 5-78 所示。

图 5-77　特征建模　　　　　　　　　　　　　　　图 5-78　特征分配

注意：在新建组件之前应先用移除参数将特征消参，否则在分配特征并删除源对象时会因为参数关联而删除相关特征。

2. WAVE 链接

在一个装配体中，不同零件之间存在着很多几何形状和几何尺寸的关联，其中一些简单的尺寸关联可以用前面讲到过的参数关联来实现，而一些复杂的尺寸或形状的关联就不能用参数来控制了，这里必须要用到 WAVE 技术。

WAVE（What-if Alternative Value Engineering）是在 UG 上进行的一项软件开发，是一种实现产品装配的各组件间关联建模的技术，于 1997 年在 UG/V13.0 正式推出，到 V14 进入实用阶段。UG 在 2003 年推出 NX 2 版本，WAVE 技术已发展到更为成熟和实用阶段。

回顾 CAD 技术的发展历史，如果说上一次 CAD 业界重大变革是八十年代的参数化建模，那么 WAVE 就是当前 CAD 技术最新的、最具戏剧性的重大突破。WAVE 通过一种革命性的新方法来优化产品设计并可定义、控制和评估产品模板。参数化建模技术是针对零件一级的，而 UG/WAVE 是针对装配级的一种技术，是参数化建模技术与系统工程的有机结合，提供了实际工程产品设计中所需要的自上而下的设计环境。

目前，在欧美和日本等发达国家已经广泛采用 CAD/CAM 一体化设计，并将传统车身设计的周期从过去的 5～8 年整整缩短一半，取得了极大的经济和社会效益。然而，随着汽车工业的快速发展和人们生活水平的极大提高，用户对汽车的要求也越来越高，从追求性能优越、耐久可靠到乘坐舒适和驾驶安全，目前已发展到追求个性化的车身外形，这无疑是对汽车大批量生产方式的挑战，同时也对汽车车身设计的技术和方法提出了更高的要求。美国通用汽车公司在五年前就对产品开发提出了新的目标——将原来开发一个车型所需的 42 个月缩减到 18 个月，目标是缩减到 12 个月，每年推出多种变型车型；显然，利用目前的零部件级 CAD 技术方法是无法做到。

为了提高企业的产品更新开发能力，缩短产品的开发周期，UG 适时地推出了带有革命性地全新的产品参数化设计技术 WAVE，它是真正的自上而下的全相关的产品级设计系统，是参数化造型设计与系统工程的有机结合。

WAVE 技术起源于车身设计，采用关联性复制几何体方法来控制总体装配结构（在不同的组件之间关联性复制几何体），从而保证整个装配和零部件的参数关联性，最适合于复杂产品的几何界面相关性、产品系列化和变型产品的快速设计。

WAVE 是在概念设计和最终产品或模具之间建立一种相关联的设计方法，能对复杂产品（如汽车车身）的总装配设计、相关零部件和模具设计进行有效的控制。总体设计可以严格控制分总成和零部件的关键尺寸与形状，而无需考虑细节设计；而分总成和零部件的细节设计对总体设计没有影响，并无权改变总体设计的关键尺寸。因此，当总体设计的关键尺寸修改后，分总成和零部件的设计自动更新，从而避免了零部件重复设计的浪费，使得后续零部件的细节设计得到有效的管理和再利用，大大缩短了产品的开发周期，提高了企业的市场竞争能力。

首先根据产品的总布置要求和造型定义该产品的总体参数（又称为全局参数）；其次定义产品各大总成和零部件间的控制结构关系（类似于装配结构关系），这种控制结构关系使得产品设计的规则和标准具体化；第三步再建立产品零部件（子系统、子体）间的相关性。从而，可以通过少数的总体或全局参数来定义、控制和更改产品设计，以适应快速的市场变化要求。

例如，对轿车来说，车门数、轴距、车身长是全局参数，如果这些总体参数的其中一个发生了改变，无疑都要引起该产品的从上向下的整个变动。这种更改和对新方案的评估，在采用传统的设计方案时，需要消耗大量的人力、物力和时间。采用 UG WAVE 技术后，当某个总体参数改变时，产品会按照原来设定的控制结构、几何关联性和设计准则，自动地更新产品系统中每一个需要改变的零部件，并确保产品的设计意图和整体性。WAVE 技术是把概念设计与详细设计的变化自始至终地贯穿到整个产品的设计过程中。实际上 WAVE 的技术原理同样也适用于工程分析、模具设计和制造中。可以说，WAVE 是对 CAD 领域的一场全新的革命。

UG WAVE 的优点如下。

- 产品设计更加方便快捷。
- 数据的关联性使装配位置和精度得到严格的技术保证（甚至可以不建立配对约束）。
- 易于实现模型总体装配的快速自动更新，当产品控制几何体（装配级）修改后，相关组件的细节设计自动更新，并为缩短设计周期创造了条件。
- 是概念设计与结构设计的桥梁，概念设计初步完成，细节设计便可同时展开，使并行工程优势得以最大程度的发挥。
- 易于实现产品的系列化和变型产品的快速设计。
- 极大地减少了设计人员重复设计的浪费，大大提高了企业的市场竞争能力。
- 产品设计管理极为方便高效。

WAVE 的主要功能如下。

- 相关的部件间建模（Inter-part Modeling）：是 WAVE 的最基本用法。
- 自上而下设计（Top-Down Design）：用总体概念设计控制细节的结构设计。
- 系统工程（System Engineering）：采用控制结构方法实现系统建模。

WAVE 方法可以应用于以下几个方面。

- 定义装配结构和零部件细节设计。
- 制造计划。

● 对概念设计进行评估。

WAVE 操作实例 1。

第一步：新建 WAVE_1.prt 模型文件，然后创建一条封闭样条曲线，如图 5-79 所示。

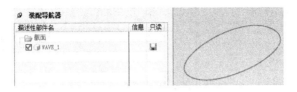

图 5-79　绘制曲线

第二步：使用"新建组件"命令创建 WAVE_1 下一级的零件 WAVE_part1.prt，并将其设为工作部件，然后打开"装配"工具栏中的"WAVE 几何链接器"对话框，利用"复合曲线"选项选择 WAVE_1.prt 中的样条曲线，WAVE_part1.prt 的部件导航器中会出现"链接的复合曲线（1）"，如图 5-80 所示。

图 5-80　关联复制曲线

第三步：使用这条链接的曲线拉伸一个实体特征，如图 5-81 所示。

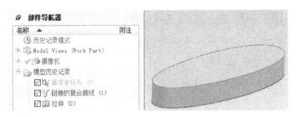

图 5-81　利用关联复制的曲线拉伸实体

第四步：将 WAVE_1.prt 设为工作部件，通过极点编辑样条曲线，确认后观察一下 WAVE_part1.prt 中的实体特征变化，如图 5-82 所示。

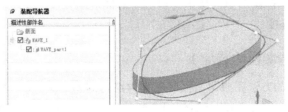

图 5-82　编辑原始曲线

WAVE 操作实例 2。

第一步：继续在 WAVE_1.prt 文件中创建一个六边形，然后使用"曲线连结"命令 将其连成一根曲线，如图 5-83 所示。

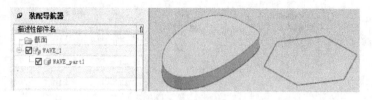

图 5-83　绘制新曲线

第二步：将 WAVE_part1.prt 设为工作部件，然后在部件导航器中双击"链接的复合曲线（1）"打开"WAVE 几何链接器"对话框，先按〈Shift〉+鼠标左键取消对样条曲线的选择，然后选择六边形曲线，如图 5-84 所示。

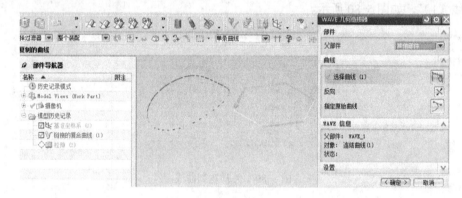

图 5-84　替换曲线

第三步：确认后观察变换情况，如图 5-85 所示。

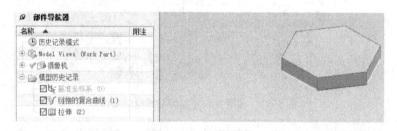

图 5-85　实体变换

在"WAVE 几何链接器"中，除了可以实现对曲线的链接，还可以对实体、草图、曲面等多种几何特征进行链接。

5.3.2　任务拓展（弯曲模的装配）

1. 使用自上而下的方法完成弯曲模装配文件结构的建立

操作提示：新建文件 zp.prt，然后使用"新建组件"命令 ，按图 5-86 所示建立文件结构。

图 5-86 弯曲模装配文件结构

图 5-87 弯曲模具实体

2．使用 WAVE 链接技术完成弯曲模的设计（如图 5-87 所示）

弯曲模的设计过程见表 5-2。

表 5-2 弯曲模的设计过程

步　骤	操　作　内　容	简　图
1	新建 zp.prt 文件 装配 zhijian1.prt 文件 新建组件 aomu.prt、tumu1.prt	
2	使用"WAVE 几何链接器"将冲压零件分别抽取到凸模、凹模文件中	
3	分别将凸模、凹模设为工作部件，利用抽取过来的冲压件中的产品轮廓线设计凸模、凹模	
4	设计其他零件	

5.4 任务 3 爆炸图的制作与操作

【学习目标】

掌握爆炸图的建立与编辑的方法。

爆炸图是指从装配模型中拆分指定组件的图形，从而更好地表示整个装配的组成状况。通过对该视图的创建和编辑，可以使组件按照装配关系偏离原来的位置，以便于用户了解产品内部结构以及部件的装配顺序。

爆炸图并不是真实地移动组件的位置，只是一种显示状态，用户随时可以将其恢复原状。爆炸图主要用来制作产品装配说明书。

5.4.1 任务实施（爆炸图的创建与编辑）

1. 创建爆炸图

要执行该操作，可单击"装配"工具栏中的"爆炸图"按钮，即可打开"爆炸图"工具栏，如图5-88所示。

单击"爆炸图"工具栏中的"新建爆炸图"按钮，打开"新建爆炸图"对话框，输入爆炸图名称，或接受系统的默认名称，单击"确定"按钮即可创建一个爆炸图，如图5-89所示。

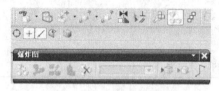

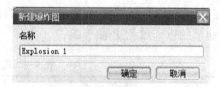

图5-88 "爆炸图"工具栏   图5-89 新建爆炸图

2. 自动爆炸组件

新建一个爆炸视图后即可进行组件的爆炸操作，自动爆炸是基于组件之间的关联条件，按指定距离，沿表面的正交方向自动爆炸组件。

要执行该方式的爆炸操作，可单击"爆炸图"工具栏中的"自动爆炸视图"按钮，打开"类选择"对话框，选择需要进行爆炸的组件，单击"确定"按钮，打开"自动爆炸组件"对话框设置爆炸距离，如图5-90所示。

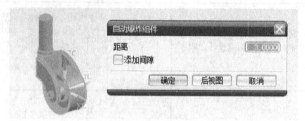

图5-90 "自动爆炸组件"对话框

在输入距离时，如果启用"添加间隙"复选框，则指定的距离为组件相对于关联组件移动的距离；若禁用该复选框，则指定的距离为绝对距离，即组件从当前位置移动指定的距离值，如图5-91所示。

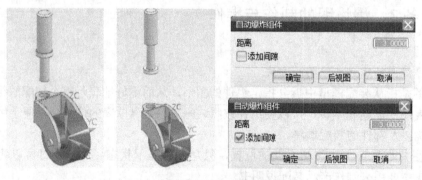

图5-91 自动爆炸时的距离选项

216

3. 编辑爆炸图

仅仅依靠自动爆炸很难达到理想的爆炸效果，通常还需要对该视图进行编辑操作，将其调整为最佳位置。

要执行该操作，可单击"爆炸图"工具栏中的"编辑爆炸图"按钮，打开"编辑爆炸图"对话框，如图 5-92 所示，首先选择需要移动的组件，确认后会出现动态坐标系，可以使用鼠标拖动其移动或旋转到理想位置即可。还可以通过距离、矢量方向的工具对组件进行量化精确定位。

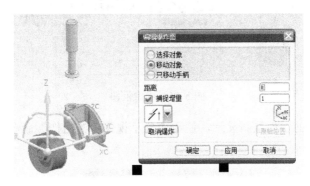

图 5-92 "编辑爆炸图"对话框

4. 切换爆炸图

在同一装配体中可以建立多个爆炸图，并可通过列表框按钮进行切换，如图 5-93 所示。

图 5-93 切换爆炸图

5. 删除爆炸图

当不必显示装配体的爆炸效果时，可执行删除爆炸图操作将其删除，方法是单击"爆炸图"工具栏中的"删除爆炸图"按钮，打开"爆炸图"对话框，在该对话框中列出了所有爆炸图名称，如图 5-94 所示，选择要删除的视图，确定后即可。

图 5-94 删除爆炸图

注意： 该命令无法删除当前爆炸图，如果需要删除当前爆炸图先要进行切换。

6．隐藏组件

执行隐藏组件操作是将当前图形窗口中的组件隐藏，单击"爆炸图"工具栏中的"隐藏视图中的组件"按钮，然后选择需要隐藏的组件并单击"确定"按钮即可，如图 5-95 所示。

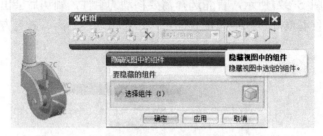

图 5-95　隐藏组件

如果需要将隐藏的组件重新显示，使用"显示视图中的组件"命令即可，如图 5-96 所示。

图 5-96　重新显示组件

5.4.2　任务实践

制作平口钳的装配爆炸图，如图 5-97 所示。

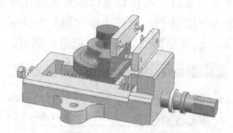

图 5-97　平口钳爆炸图

项目小结

虚拟装配是 UG 建模模块中的重要组成部分，通过这个模块，可以掌握更多 UG 高级功能的应用方法，并且更进一步地体会 UG 软件中相关性的内涵。

在虚拟装配中，自下而上的装配方法是必须掌握的基础知识，自上而下的装配和 WAVE 链接难度相对较大，可作为拓展知识进行学习。

如果想要准确、快速地完成装配设计，合理的约束关系是必不可少的，因此装配约束是本部分的核心内容。

项目考核

一、填空题

1．使用_____模块能够将产品的各个零部件快速组合在一起，形成产品的整体结构。

2．在装配中，无论如何编辑装配体或在何处编辑装配体，整个装配体中各个部件都保持_____，如果某个部件修改，则引用的装配体将自动更新。

3．在装配体中，每个成员都应该有一个唯一、指定的位置，不同成员之间可能会存在一定的位置关系，施加_____的过程就是来限制每个零件模型的自由度，确定其位置。

4．在进行虚拟装配建模时，根据添加组件的方式不同可以分为两种基本的建模方式：_____装配和_____装配。

5．组件阵列包括 3 种方式，分别是_____、_____、_____。

6．UG 装配中的几何元素之间的相关性主要是通过_____技术来实现。

7．在装配体中如果想对某个零件进行编辑，则可以将其设为_____或_____，即可进行特征操作。

二、选择题

1．装配部件由_____而构成。

   A．组件和子装配   B．部件和组件   C．部件和子装配   D．单个部件和子装配

2．_____装配方法用于将以前设计的组件添加到一个装配体中。

   A．自下而上   B．自上而下   C．自上而上   D．自下而下

三、判断题

1．在装配导航器上也可以查看组件之间的定位约束关系。（   ）

2．在装配中可对组件进行镜像或阵列。（   ）

3．已存在"配对条件"的装配文件，再使用"定位约束"添加配合关系是会出错的。（   ）

4．使用"WAVE 几何链接器"时，所有 WAVE 的几何对象将不会随源对象的更改而更改。（   ）

四、问答题

1．简述自上而下装配的两种可行方法。

2．简述当前部件和显示部件的区别。

五、上机操作题

1．装配如图 5-98a 所示轴承。

2．装配如图 5-98b 所示齿轮轴。

3. 装配如图 5-98c 所示齿轮泵。

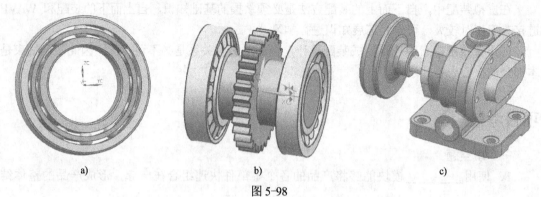

图 5-98

a) 轴承的装配   b) 齿轮轴的装配   c) 齿轮泵装配

4. 滑轮鞋的装配，如图 5-99 所示。

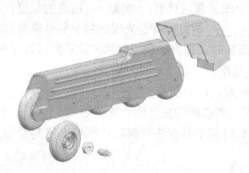

图 5-99　滑轮鞋装配

项目6 工程图设计

UG 中的工程图是建模模块中的一个重要组成部分，主要作用是使用已有的三维实体模型，按照机械制图相关规范，创建出符合相关行业规范的二维图样。

利用 UG 工程图模块所创建的二维图样与三维模型是完全相关的，即三维模型有任何改动，都会同步反映在二维图样上。二维图样中的所有线条，都是根据投影规范自动生成的，设计者不能随意改动这些线条的线型、线宽等参数。

利用 UG 工程图模块，既可以创建零件图样，也可以创建装配体的装配图。

【能力目标】
1. 熟练掌握常用视图的创建方法与步骤。
2. 熟练掌握工程制图标注，掌握各种标注方法的应用。

【知识目标】
1. 工程制图首选项的设置。
2. 工程制图环境的进入与设置。
3. 常用视图的创建、编辑。
4. 工程制图标注。

【知识链接】

6.1 工程图设计基础知识

UG 工程图的创建流程见表 6-1。

表 6-1　工程图创建流程

步　骤	工 作 内 容	操 作 要 点
1	创建工程图	选择图样大小规格、视图比例、尺寸单位（毫米、英寸）、投影方式（一角法、三角法）
2	视图投影	投影主视图（前视图、俯视图、左视图等）、合理布局
3	补充、细化视图	生成所需的剖视图、局部放大图等
4	尺寸、精度标注	尺寸及公差的标注、几何公差的标注、表面粗糙度的标注
5	文本标注	技术条件、标题栏、零件清单等必要的文字说明

6.1.1　创建工程图

UG 中的工程图有两种文件存在形式，一种是非独立文件，另一种是独立文件，下面分别对这两种文件进行介绍。

1. 非独立文件

这种工程图样没有单独的一个文件，它是和实体模型文件作为一个整体存在的，在创建这种工程图时，首先需要打开对应的实体模型文件，然后在"开始"菜单中切换到"制图"

模块环境，如图 6-1 所示。

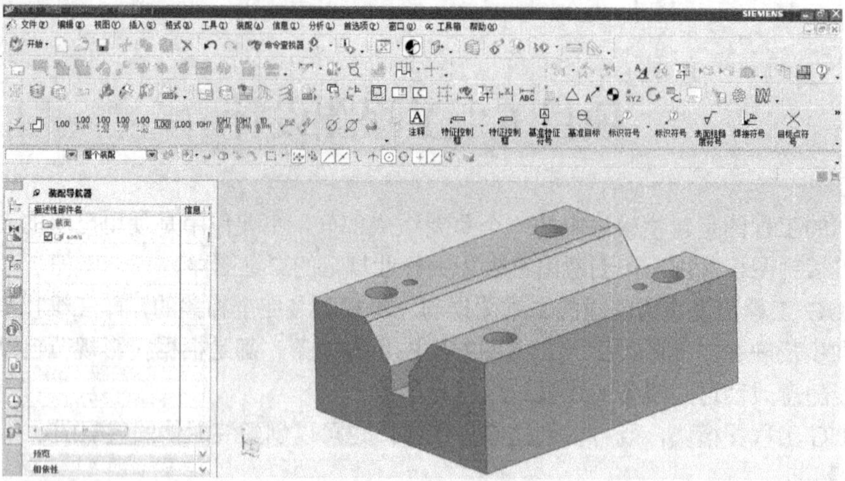

图 6-1　制图模块环境

单击“新建图纸页”命令，即弹出“图纸页”对话框，如图 6-2 所示。

在单击“确定”按钮之前，应该根据实际需要选择视图的相关参数，主要包括如下几种。

图纸幅面：可以使用已有模板，也可以使用标准尺寸的空白面板，还可以使用自定义尺寸的图幅大小。

比例：决定投影视图时的默认缩放比例。

单位：标注尺寸时所显示的数字，可选毫米或英寸。

投影方式：目前常用的有第一角法投影和第三角法投影两种，我国机械制图规范采用的是第一角法投影。

选择好这些选项后单击“确定”按钮，即进入图样页面，部件导航器中也会出现该图样页，如图 6-3 所示。

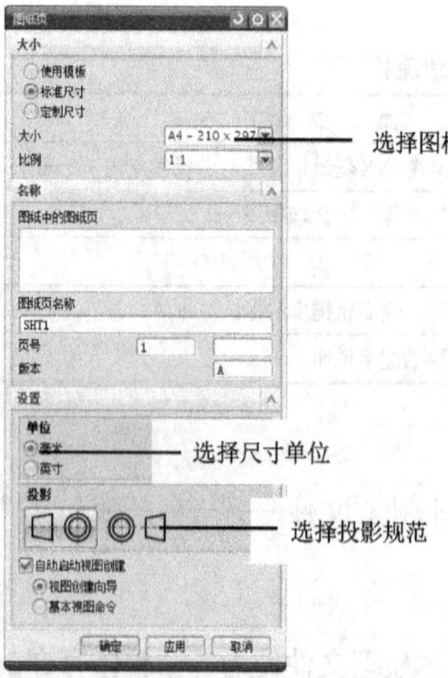

图 6-2 “图纸页”对话框

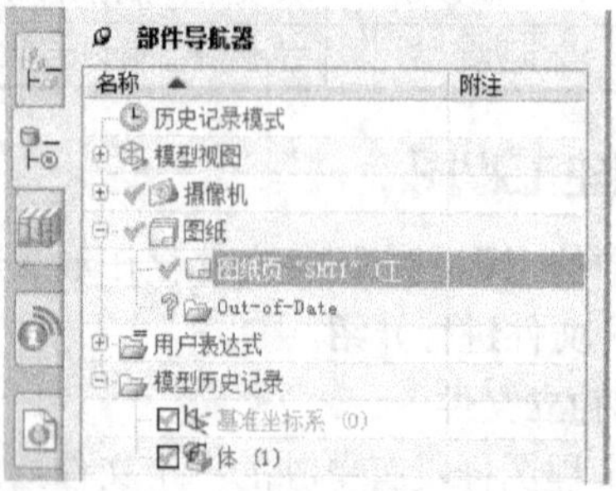

图 6-3　图纸页特征

2. 独立文件

独立文件方式会通过新建文件时选择图纸方式来建立，如图 6-4 所示，这时会为图样单独建立一个文件，但这个文件要和指定的三维文件建立关联。

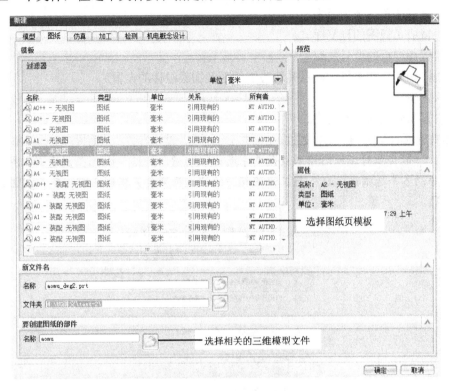

图 6-4　新建图样文件

确认后会直接进入图纸模式，从装配导航器可以看到二维图样文件和三维模型文件之间的层级关系，如图 6-5 所示。

以上两种工程图样的文件方式中，第一种更为常用，它会减少文件的数量，操作较为便捷。

3. 图样页的编辑

当图样页生成之后，还可以通过部件导航器，在图样页处通过右键快捷菜单，选择"编辑图纸页"，如图 6-6 所示，即可打开"图纸页"对话框，从中修改图样大小、比例、单位等系统变量。

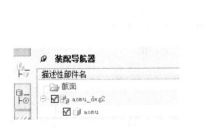

图 6-5　文件关系

图 6-6　编辑图纸页

4. 制图首选项

选择"首选项"下拉菜单→"制图"命令,弹出如图 6-7 所示的"制图首选项"对话框,该对话框的功能如下。

1)设置视图和注释的版本。

2)设置成员视图的预览样式。

3)设置图样页的页号及编号。

4)视图的更新和边界、显示抽取边缘的面及加载组件的设置。

5)保留注释的显示设置。

6)设置断开视图的断裂线。

通过首选项的设置,可以预设图样生成的工作环境及默认参数,从而提高工作效率及质量。

注意:一般企业对工程图格式规范要求都比较明确、严格,因此在创建工程图之前,要将首选项中的各个选项设定好。与工程图相关的首选项主要包括制图首选项、视图首选项、注释首选项。

图 6-7 "制图首选项"对话框

6.1.2 视图投影

完成图样页后接下来就要进行视图投影,进行图样布局,"图纸"工具栏命令如图 6-8 所示。

图6-8 "图纸"工具栏

进行视图投影时应首先观察三维模型，选择一个主视图，单击"基本视图"命令 🖫 打开"基本视图"对话框，如图 6-9 所示，并选择所需的视图，摆放到合适的位置，如图 6-10 所示。

图6-9 基本试图对话框

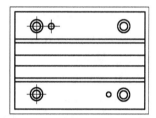

图6-10 俯视图

基本视图包括 8 种：前视图、俯视图、左视图、右视图、仰视图、后视图、正等测视图和正二测视图。

投影主视图后，可以通过"投影视图"命令 🖉，根据主视图来投影其他所需的视图，如图 6-11 所示。

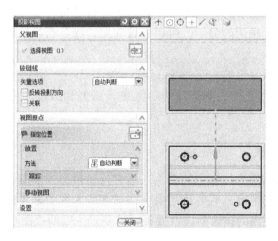

图6-11 投影其他视图

完成视图投影后，所有视图都会出现在部件导航器里，如图 6-12 所示。如果需要修改某个视图的显示方式，则可以在该视图下单击右键，在弹出的快捷菜单中选择"样式"，即可打开"视图样式"对话框，在该对话框中可编辑视图的角度、比例、显示方式等参数，如图 6-13 所示。

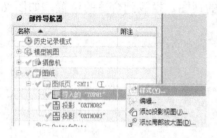

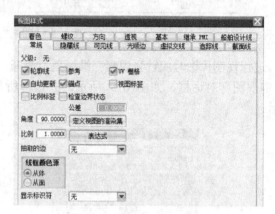

图 6-12　所有视图出现在部件导航器　　　图 6-13　"视图样式"对话框

在创建工程图之前，最好先进行预设置，这样可以减少很多的编辑工作，提高工作效率。该对话框中各选项的功能说明如下。

截面线：控制剖视图的剖面线。

着色：用于渲染样式的设置。

螺纹：用于设置图样成员视图中内、外螺纹的最小螺距。

基本：用于设置基本视图的装配布置、小平面表示、剪切边界和注释的传递。

继承 PMI：用于设置图样平面中几何公差的继承。

船舶设计线：用于对船舶设计线的设置。

常规：用于设置视图的比例、角度、UV 网络、视图标号和比例标记等选项。

隐藏线：用于设置视图中隐藏线的显示方法。其中的相关选项可以控制隐藏线的显示类别、显示线型和粗细等。

可见线：用于设置视图中的可见线的颜色、线型和粗细。

光顺边：用于控制光顺边的显示，可以设置光顺边缘是否显示以及设置基颜色、线型和粗细。

虚拟交线：用于显示假想的相交曲线。

追踪线：用于修改可见和隐藏跟踪线的颜色、线型和深度，或修改可见跟踪线的缝隙大小。

6.1.3　补充、细化视图

为了能够完整、准确地表达模型的结构，只有几个投影视图是不够的，还需要创建一些剖视图来表达产品内部的情况。有时还需要一些局部放大视图来详细表达产品细节处的形状和尺寸，因此在完成主视图的投影后，就要根据需要来生成剖视图和局部放大图，如图 6-14 所示。

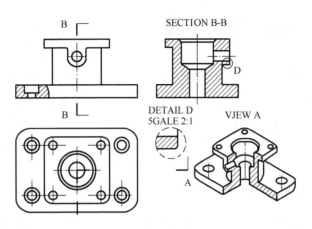

图 6-14　视图布局

补充视图的主要命令包括：

全剖视图🖰；

半剖视图🖰；

旋转剖视图🖰；

局部剖视图🖰；

断开视图🖰；

局部放大视图🖰。

这些补充视图都和主视图一样会出现在部件导航器中，可以通过鼠标右键对其样式进行修改和编辑。

生成视图时，每一个视图都会有一个边界，可以通过"首选项"→"制图"→"视图"中的"显示边界"复选框来控制视图边界是否显示，如图 6-15 所示。

默认的视图边界是矩形，如果想更改某一视图的边界可以在部件导航器中选择视图，然后单击右键，在弹出的快捷菜单中选择"边界"，如图 6-16 所示，即可打开"视图边界"对话框，如图 6-17 所示，从中对视图边界的样式进行编辑。

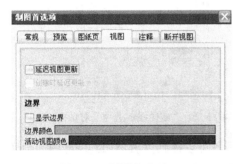

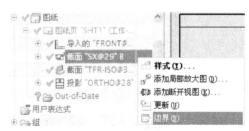

图 6-15　制图首选项　　　　　　　　　　图 6-16　视图编辑菜单

当用鼠标左键选中某一视图的边界时，可以拖曳视图进行移动，在视图移动过程中，会自动捕捉其他视图并与其对齐，如图 6-18 所示。

所需的视图生成后，就要进行视图的布局。视图布局要合理、美观，还要留出将来尺寸标注的空间。

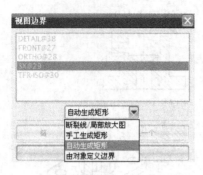

图 6-17 "视图边界"对话框

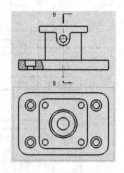

图 6-18 视图拖动与对齐

在生成剖视图、局部放大图时，会自动生成一些剖切或放大符号，这些符号也会对图纸的美观及准确产生一定的影响，这些符号也可以通过"视图标签首选项"和"截面线首选项"进行设定，如图 6-19、图 6-20 所示。

图 6-19 "视图标签首选项"对话框

图 6-20 "截面线首选项"对话框

通过设置"截面线首选项"对话框中的参数，既可以控制以后添加到图样中的剖切线显示，也可以修改现有的剖切线。对话框中各选项的说明如下。

标签：用于设置剖视图的标签号。

样式：可以选择剖切线箭头的样式。

箭头显示：通过在 A、B、C 文本框中输入值以控制箭头的大小。

箭头通过部分：通过在 D 文本框中输入值以控制剖切线箭头线段和视图线框之间的距离。

短画线长度：用于在 E 文本框中输入值以控制剖切线箭头线段和视图线框之间的距离。

标准：用于控制剖切线符号的标准。

颜色：用于控制剖切线的颜色。

宽度：用于选择剖切线宽度。

"视图标签首选项"对话框控制实现以下功能。

1）控制视图标签的显示，并查看图样上成员视图的比例标签。

2）控制视图比例的文本位置、前缀名、前缘文本比例因子、数值格式和数值比例因子的显示。

3）使用"视图标签首选项"对话框设置添加到图样的后续视图的首选项，或者使用该对话框编辑现有视图标签的设置。

"视图标签首选项"对话框"类型"下拉列表中各选项的功能说明如下。

其他：该选项用于设置局部放大图和剖视图之外的其他视图标签的相关参数。

局部放大图：该选项用于设置局部放大图视图标签的相关参数。

剖视图：该选项用于设置剖视图视图标签的相关参数。

6.1.4　尺寸标注

完成视图投影后，就要对视图进行尺寸、精度的相关标注，主要包括尺寸及公差的标注、形位精度的标注、表面粗糙度及其他加工符号的标注。

1．尺寸及公差的标注

尺寸标注包括线性、直径等各类尺寸的标注，同时还可以标注尺寸公差，尺寸标注工具如图 6-21 所示。

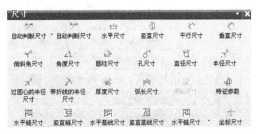

图 6-21　尺寸标注工具

2．形位精度的标注

形位精度包括直线度、平面度、同轴度等几何公差，可以使用"注释"工具条中的"特征控制框"按钮 ，打开"特征控制框"对话框，如图 6-22 所示。

设定好精度类型、精度要求及参考基准后，用鼠标左键单击需要标注的线段，按住鼠标进行拖曳，即出现指引线，这时可以松开鼠标，将符号框放置到合适的位置即可。

3．表面粗糙度及其他加工符号的标注

使用"注释"工具条中的"表面粗糙度符号"按钮 ，可打开"表面粗糙度"对话框，如图 6-23 所示。

选择所需的符号，并输入表面粗糙度数值后，选择需要标注的表面，即可完成表面粗糙度的标注。

除了表面粗糙度以外，"注释"工具条中还包括其他常用符号：如焊接符号 、基准特征符号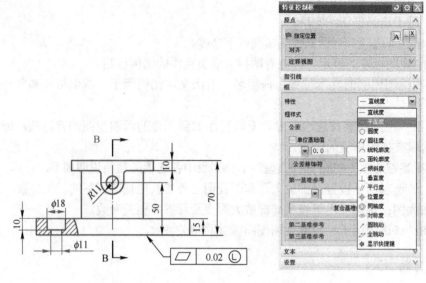、标识符号 ⟋⟋、中心标记符号 ⊕。

图 6-22 "特征控制框"对话框

4．标注首选项的设定

选择"首选项"下拉菜单→"注释"命令，弹出如图 6-24 所示的"注释首选项"对话框。在标注尺寸之前，需要将各项参数按照制图规范设置好。

图 6-23 "表面粗糙度"对话框

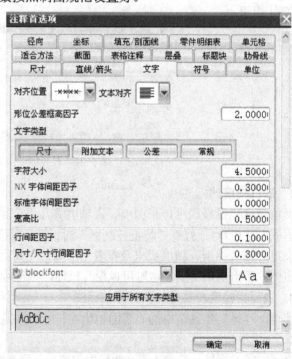

图 6-24 "注释首选项"对话框

尺寸：用于设置箭头和直线格式、放置类型、公差和精度格式、尺寸文本角度和延伸线部分的尺寸关系等参数。

直线/箭头：用于设置应用于指引线、箭头以及尺寸的延伸线和其他注释的相关参数。

文字：用于设置应用于尺寸、文本和公差等文字的相关参数。

符号：用于设置"标识"、"用户定义"、"中性线"和"形位公差"等符号的参数。

单位：用于设置各种尺寸显示的参数。

径向：用于设置坐标集和拆线的参数。

坐标：用于设置坐标的相关参数。

填充/剖面线：用于设置剖面线和区域填充的相关参数。

零件明细表：用于设置零件明细表的参数，以便为现有的零件明细表对象设置形式。

单元格：用于设置所选单元的各种参数。

适合方法：用于设置单元适合方法的样式。

截面：用于设置表格格式。

表格注释：用于设置表格中的注释参数。

层叠：用于设置注释对齐方式。

标题块：用于设置标题栏对齐位置。

肋骨线：用于设置造船制图中的肋骨线参数。

6.1.5 文本标注

文本标注主要用于图样中的各项文字说明，如技术条件、标题栏、零件清单等。在进行文字说明时，单击"注释"命令 Ⓐ，即可打开"注释"对话框，如图 6-25 所示。在"格式化"输入区输入所需的文字，放置到指定的位置即可。

在输入文本时，还可以插入各种符号，如图 6-26 所示。

如果图样中需要加入零件清单，则可以使用"表"工具条来创建、编辑表格，如图 6-27 所示。

图 6-25 "注释"对话框

图 6-26 文本插入符号

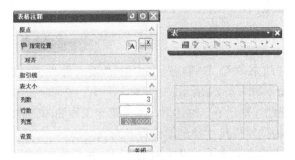

图 6-27 表格注释

6.2 任务 1 底座零件工程图设计

【学习目标】

1. 掌握基本视图、剖视图、半剖视图、其他剖视图的创建方法及应用。

2. 掌握各种尺寸标注的方法及应用。

【学习重点】

综合运用各种视图创建方法创建零件工程图。

【学习难点】

掌握底座工程图的创建和标注。

底座工程图如图 6-28 所示。通过该实例的工程图创建，主要掌握各种视图的创建方法以及尺寸标注的方法。通过该实例的草图绘制主要掌握的命令有：基本视图、局部放大图、剖视图、半剖视图、旋转视图、其他剖视图、局部剖视图的创建和尺寸标注、中心线、注释。

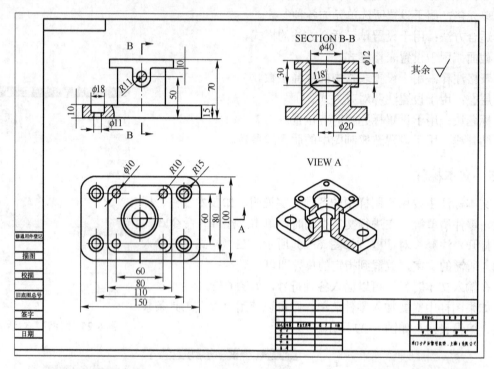

图 6-28　底座工程图

打开随书附带 DVD 光盘中的"源文件"文件夹中的 zhizuo.prt，如图 6-29 所示。

先仔细观察一下三维模型，然后确定工程图的创建流程。

1）根据零件尺寸确定图样页面为 A3。

2）先投影前视图，以此为主视图，然后生成俯视图。

3）对前视图进行全剖，作为左视图。

4）对前视图底板安装孔进行局部剖视。

5）投影正等测图，并进行半剖。

6）标注所需尺寸及精度要求。

7）添加技术要求、标题栏等。

图 6-29　底座实体模型

232

6.2.1 任务实施

1. 创建工程图

选择"开始"下拉菜单→"制图"命令，进入制图环境。

新建图纸页。选择"插入"下拉菜单→"图纸页"命令，弹出"图纸页"对话框，在该对话框中选择如图6-30所示的选项，然后单击"确定"按钮。

图框设置：单击工具条中的"替换模板"按钮 🖵，弹出"工程图模板替换"对话框，选择"A3-无视图"模板，单击"确定"按钮，生成标准图框模板，如图6-31所示。

图6-30 新建图样页

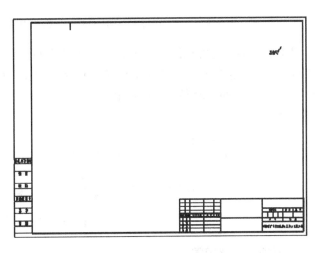

图6-31 标准图框模板

2. 视图投影

单击"基本视图"按钮 🖼，弹出"基本视图"对话框，设定"模型视图"为前视图，"缩放"中的"比例"选项设置为1∶1，选择合适的位置放置视图，如图6-32所示。

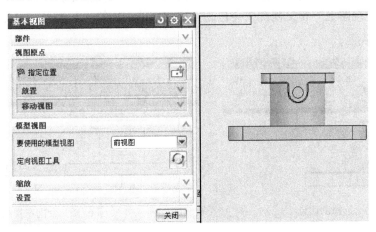

图6-32 插入前视图

单击"投影视图"按钮 🖏，以前视图为父视图，投影俯视图，如图6-33所示。

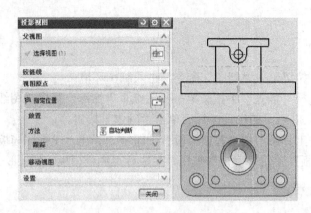

图 6-33 投影俯视图

　　投影后观察，发现视图在 A3 图框里占的空间比较大，留给标注尺寸的空间不够，需要缩小视图比例。从部件导航器中同时选中这两个视图，单击右键，在弹出的快捷菜单中选择"样式"，如图 6-34 图所示。在弹出的"样式"对话框中，将比例改为"1/1.5"并确认，视图立即被缩小。

图 6-34 修改视图比例

3. 补充、细化视图

　　单击"剖视图"按钮，弹出"剖视图"对话框，在系统 **选择父视图** 的提示下选择"前视图"为创建全剖视图的父视图。确认"捕捉方式"工具中的被按下，选取如图 6-35 所示的圆，系统自动捕捉圆心位置，此圆心处即为剖切位置。剖切位置确定后，随着鼠标的移动，会出现动态的剖切方向，在前视图右侧合适的位置单击鼠标左键，即出现全剖视图，如图 6-36 所示，视图上方和父视图中会自动出现相应的剖切符号和编号，以此剖视图作为左视图。

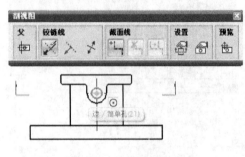

图 6-35 选择剖切点　　　　　　　　　　图 6-36 全剖左视图

【扩展知识】
　　创建阶梯剖视图的步骤如下。

Step1：与全剖视图一样，选择父视图和剖切点。

Step2：使用"铰链线"中的"定义铰链线"确定剖切方向。

Step3：单击"截面线"中的"添加段"按钮，即可增加剖切点，如图 6-37 所示，然后再使用"移动段"按钮来确认剖切位置，如图 6-38 所示。

Step4：剖切位置设置完成后单击"放置视图"按钮，将剖视图摆放到合适的位置。

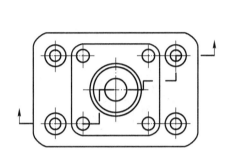

图 6-37　增加剖切点

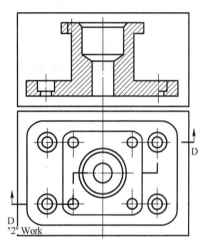

图 6-38　移动剖切位置

创建正等测图。单击"图纸"工具栏中的"基本视图"按钮，在"基本视图"对话框"模型视图"选项组中的"要使用的模型视图"下拉列表中选择"正等测视图"选项。在"缩放"选项组中的"比例"下拉列表中选择"1∶2"选项。选择合适的放置位置并单击，单击鼠标中键完成视图的创建，结果如图 6-39 所示。

单击"半剖视图"按钮，弹出"半剖视图"对话框，选择"俯视图"为父视图，根据系统提示选择如图 6-40 所示圆心和如图 6-41 所示边线中点，定义铰链；单击"铰链线"选项组中的"定义铰链线"按钮，选择如图 6-42 所示边线定义"铰链线"。

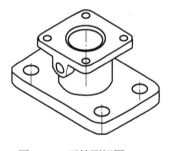

图 6-39　正等测视图

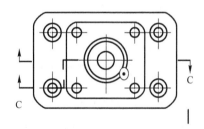

图 6-40　定义半剖点

单击"预览"选项组中的按钮，弹出"剖视图"对话框如图 6-43 所示，确定剖切位置，然后单击"确定"按钮（如果剖切位置不对，可单击"铰链线"选项组中的"反向"按钮，改变剖切方向）；单击"半剖视图"对话框中的"方向"选项组的下拉菜单，选择"剖切现有视图"按钮，用鼠标左键单击正等测视图完成正等测视图的半剖视图创建，如图 6-44 所示。

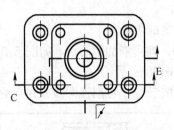

图 6-41　确认半剖位置

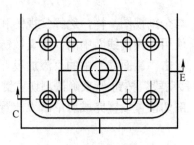

图 6-42　确认半剖方向

图 6-43　预览

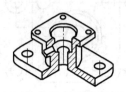

图 6-44　半剖结果

生成局部剖视图的步骤如下。

Step1：将鼠标移到要进行局部剖视图的区域，单击鼠标右键，在弹出的快捷菜单中选择"扩展"命令，如图 6-45 所示。

Step2：在视图扩展环境下，在准备进行局部剖切的位置绘制边界线，然后单击鼠标右键、在弹出的快捷菜单中选择"扩展"命令，退出扩展环境，如图 6-46 所示。

图 6-45　进入扩展

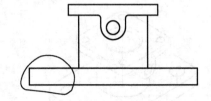

图 6-46　绘制边界线

Step3：在部件导航器中找到要进行局部剖切的视图，单击鼠标右键，在弹出的快捷菜单中选择"样式"命令，将隐藏线设为虚线显示，如图 6-47 所示。

图 6-47　显示虚线

236

Step4：单击"局部剖视图"工具按钮 ，即打开"局部剖"对话框，如图 6-48 所示，先选择需要进行局部剖视的视图"FRONT@36"，如图 6-49 所示；

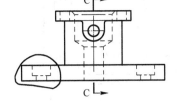

图 6-48　局部剖视对话框　　　　　　图 6-49　选择视图

然后选择剖切点，注意是圆心，如图 6-50 所示。确认剖切方向，如图 6-51 所示。

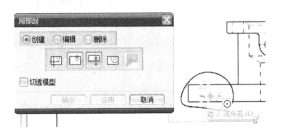

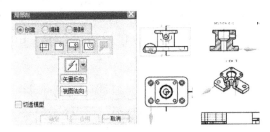

图 6-50　选择剖切点　　　　　　　　　图 6-51　确认剖切方向

选择之前绘制的局部剖切边界线，然后单击"应用"，即完成局部剖切，如图 6-52 所示，最后再将视图样式中的虚线设为不可见，最终结果如图 6-53 所示。

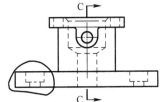

图 6-52　选择边界线

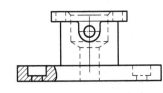

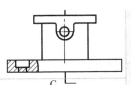

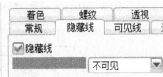

图 6-53　剖切结果

4. 尺寸标注

标注水平尺寸：单击"尺寸"工具条中的"水平尺寸"按钮 ，弹出"水平尺寸"工具条，依次选取如图 6-54 中上下最外两侧两条边界，在视图中用鼠标单击合适的位置放置水平尺寸。

标注竖直尺寸：单击"尺寸"工具条中的"竖直尺寸"按钮，弹出"竖直尺寸"工具条，依次选取如图 6-55 中上下最外两侧两条边界，在视图中用鼠标单击合适的位置放置竖直尺寸。

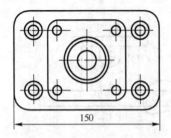

图 6-54　标注水平尺寸

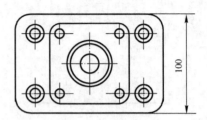

图 6-55　标注竖直尺寸

标注直径和半径尺寸：单击"尺寸"工具条中的"半径尺寸"按钮标注半径尺寸，单击"尺寸"工具条中的"直径尺寸"按钮标注直径尺寸，如图 6-56 所示。

标注孔径尺寸：单击"尺寸"工具条中的"圆柱尺寸"按钮标注孔径尺寸，如图 6-57 所示。

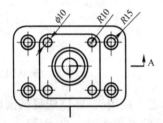

图 6-56　标注直径尺寸

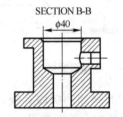

图 6-57　标注孔径尺寸

参照以上方法标注其他尺寸，尺寸标注完成后效果如图 6-58 所示。

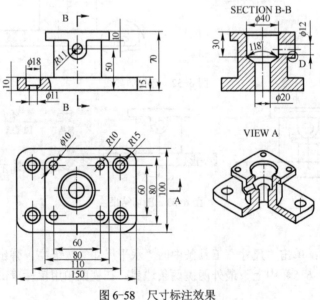

图 6-58　尺寸标注效果

【扩展知识】

（1）标注公差

当有的尺寸需要标注公差时，可以先标注所有的尺寸，然后双击需要添加公差的尺寸，会弹出"编辑尺寸"工具条，单击"值"下面的下拉箭头，就会出现各种公差形式，从中选择所需要的样式。然后再单击刚刚出现的公差，弹出公差数值输入框，分别输入上限、下限的数值，还有小数位数，即可完成公差的添加，如图6-59所示。

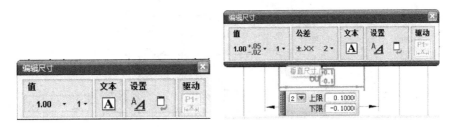

图6-59　标注公差

注意：在进行公差标注之前，应先设定好首选项中注释的各项参数，这样标注出来的公差会比较美观，符合相关的格式规范。

（2）表面粗糙度标注

单击"表面粗糙度"按钮 √ ，在弹出的"属性"对话框中输入各项参数，选择标注的位置，即可完成表面粗糙度的标注，如图6-60所示。

（3）标注几何公差

标注几何公差一般需要两步，先标注基准，然后标注几何公差。标注基准可以使用"基准特征符号"按钮 ，如图6-61所示。

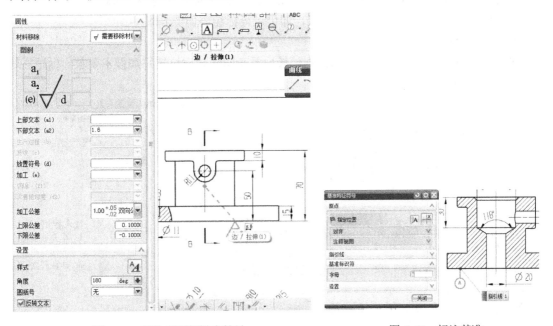

图6-60　标注表面粗糙度符号　　　　　　图6-61　标注基准

然后使用"特征控制框" 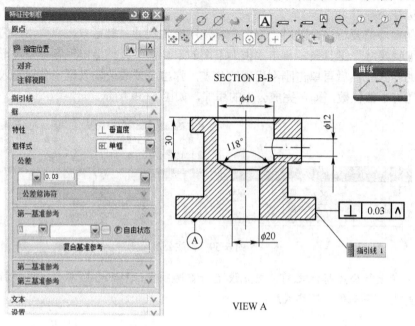，设定好各项参数，即可标注几何公差，如图 6-62 所示。

图 6-62 标注几何公差

注意： 在标注基准和几何公差时，需要在标注点按住鼠标进行拖曳，才会出现指引线。

（4）标注中心线

在进行视图投影时，系统会自动对一些圆孔、圆柱添加中心线，对一些没有自动标注的，可以使用"中心标记"按钮 ⊕ 进行手动标注。如果标注圆柱的中心线，则可以使用"2D 中心线" ⊡，分别选择圆柱的起始点，即可进行标注，如图 6-63 所示。

5. 文本标注

使用"注释"按钮 Ⓐ，可以输入文本，最后要在图样合适位置添加技术要求、标题栏等文字注释，如图 6-64 所示。

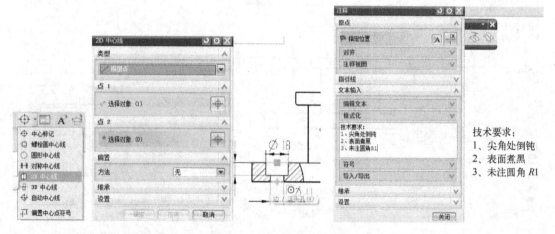

图 6-63 标注圆柱中心线   图 6-64 标注文本注释

240

6.2.2 任务拓展（局部放大、断开视图）

创建图 6-65 所示的局部放大视图和断开视图，操作过程如下。

1）打开零件模型，打开随书 DVD 光盘中的"源文件"文件夹下的"项目 6　工程图设计"中的 work_10.prt，进入建模环境，零件模型如图 6-66 所示。

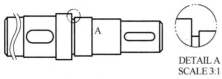

图 6-65　局部放大和断开视图　　　　　　　　　　　图 6-66　轴的实体

说明：如果当前环境是建模环境，需要选择"开始"下拉菜单→"制图"命令，进入制图环境。

2）选择命令，单击"图纸"工具栏中的按钮，弹出图 6-67 所示的"局部放大图"对话框。

3）选择边界类型。在"局部放大图"对话框的"类型"下拉列表中选择"圆形"选项。

4）在需要放大的地方单击鼠标左键，然后拖曳鼠标定义放大范围。

5）指定放大图比例。在"局部放大图"对话框"缩放"选项组下的"比例"下拉列表中选择"比率"选项，输入 3∶1。

6）定义父视图上的标签。在对话框"父项上的标签"选项组下的"标签"下拉列表中选择"注释"选项。

7）放置视图。选择合适的位置，并单击放置放大图，然后单击"关闭"按钮。

8）单击"断开视图"按钮，打开"断开视图"对话框，分别选择需要断开的视图、断开点，确定后就完成了断开视图，如图 6-68 所示。

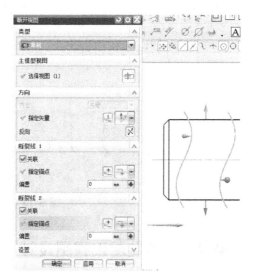

图 6-67　局部放大视图　　　　　　　　　　　　图 6-68　断开视图

6.2.3 任务实践

1．打开随书 DVD 光盘中"源文件"文件夹下"项目 6 工程图设计"中的文件 xiti_01.prt，然后创建工程图，并标注尺寸，如图 6-69 所示。

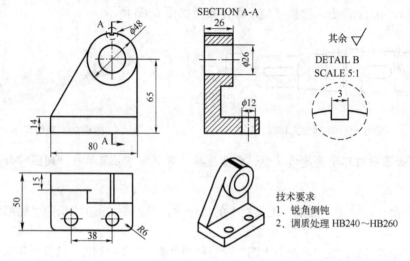

图 6-69 任务 1

2．打开随书 DVD 光盘中"源文件"文件夹下"项目 6 工程图设计"中的文件 xiti_02.prt，然后创建工程图，并标注尺寸，如图 6-70 所示。

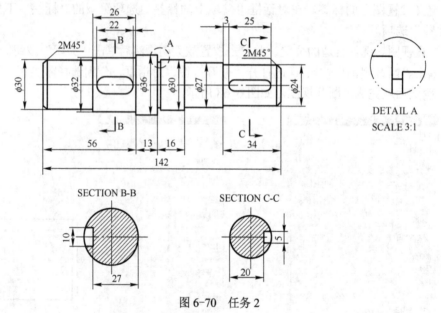

图 6-70 任务 2

6.3 任务 2 模具装配工程图设计

【学习目标】

1．掌握装配工程图创建的要点及方法。

242

2. 掌握各种与装配相关的尺寸标注方法及应用。

【学习重点】

综合运用各种视图创建方法创建装配工程图。

【学习难点】

掌握装配工程图的创建和标注。

装配工程图的要求不同于零件图，如图 6-71 所示的弯曲模具装配图，不需要表达零件细节尺寸，主要表达的内容包括：必要的视图、部件的最大轮廓尺寸、零件标号、配合关系、零件清单等。

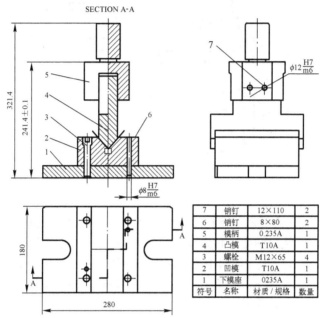

7	销钉	12×110	2
6	销钉	8×80	2
5	模柄	0.235A	1
4	凸模	T10A	1
3	螺栓	M12×65	4
2	凹模	T10A	1
1	下模座	0235A	1
符号	名称	材质/规格	数量

图 6-71　弯曲模具装配图

1．创建视图

根据对装配体的观察分析，图 6-72 所示，以俯视图为主视图，以前视图为主剖面视图。

从"开始"下拉菜单中选择"制图"模块。新建图纸页，使用 A2 图幅、1∶1、第一角法、毫米制。

使用"新建视图"命令，选择俯视图，1∶2 比例，放置到适当的位置，如图 6-73 所示。

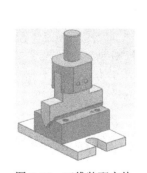

图 6-72　三维装配实体

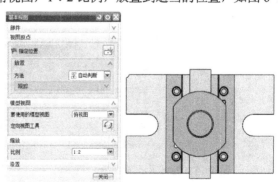

图 6-73　装配体俯视图

243

使用"剖视图"命令，对俯视图进行阶梯剖，然后以阶梯剖视图为主视图进行投影，创建左视图，如图 6-74 所示。

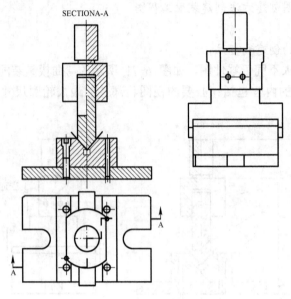

图 6-74　创建左视图

按照模具出图习惯，俯视图应该只显示下模部分，不显示上模部分，因此现在要隐藏俯视图中的上模部分。对装配图中零件显示的控制可以使用"格式"菜单中"视图中可见图层"命令来实现。首先在装配导航器中找到属于上模的零件并选中，单击右键，在弹出的快捷菜单中选择"属性"，如图 6-75 所示，打开"组件属性"对话框，选择"图层选项"下拉列表中的"指定图层"，再将图层号设为"10"，如图 6-76 所示，这样就将所选中的上模零件移到了第 10 层。

图 6-75　编辑图示属性

图 6-76　设置零件图层

从"格式"菜单中选择"视图中可见图层"，打开"视图中可见图层"对话框，从列表中选择"TOP@4"，也可以直接用鼠标在屏幕上选择俯视图，弹出"视图中可见图层"对话框，如图 6-77 所示。选择 10 号图层，将其设为"不可见"，然后确定，如图 6-78 所示。这时发现俯视图中上模部分消失了，但有些线框显示不完整，如图 6-79 所示，从部件导航器中找到俯视图"TOP@4"并选择，然后单击"更新"命令 📇，视图就会完整显示，如图 6-80 所示。

图 6-77 "视图中可见图层"对话框　　　　图 6-78 设置图层不可见

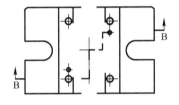　　　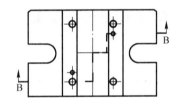

图 6-79 关闭上模部分　　　　　　图 6-80 视图更新显示

注意： 在进行工程操作时，如果对实体模型进行了编辑，视图或尺寸标注可能不会正确显示，这时可以选中所有视图，然后单击"更新"按钮 📇，所有的视图与尺寸标注都会进行同步更新，保持与实体特征的一致。在工程图结束并保存时，也应进行一次完全更新操作，以避免图中有错误的表达。

图层布局完成后，标注所需的尺寸，这里需要标注模具最大长度、最大宽度、闭合高度、总高度、两处销钉的直径。尺寸标注完成后添加公差和配合关系，先双击闭合高度，设定公差格式及数值，如图 6-81 所示。

双击销钉直径标注"φ8"，选择"文本"按钮 🅰，如图 6-82 所示，打开文本编辑器。按图 6-83 所示输入，单击"确定"后即出现配合符号。按同样的方法对"φ12"的销钉处标注配合符号。

图 6-81 设定尺寸公差

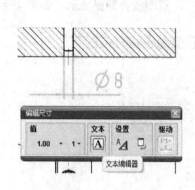

图 6-82　文本编辑器

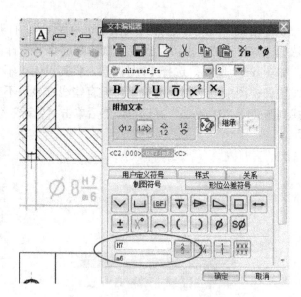

图 6-83　标注配合关系

2．标注件号

单击"标识符号"按钮 进行件号标注，先在"文本"文本框中输入编号"1"，然后用鼠标在需要标注的零件上单击，按住鼠标进行拖曳，出现指引线，指引线出现后即可松开鼠标，在合适的位置单击鼠标，完成标注，如图 6-84 所示。然后将文本再改为"2"，重复上述操作，在拖曳过程中，会自动捕捉进行对齐，如图 6-85 所示。

图 6-84　标注件号

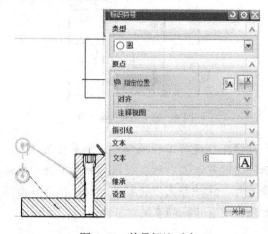

图 6-85　件号标注对齐

按照以上步骤依次完成其他零件的标识。

3．添加零件清单

单击"表格注释"按钮 ，打开"表格注释"对话框，输入所需的行数、列数将表格放置到合适位置，如图 6-86 所示。在需要输入文字的单元格处单击右键，在弹出的快捷菜单中选择"编辑单元格"，即可输入文字，如图 6-87 所示。

在表格左上角"+"符号处单击右键，弹出表格编辑快捷菜单，单击"注释样式"，即可对表格格式内文字大小、字体、对齐方式等设置进行编辑，如图 6-88 所示。

图 6-86 绘制表格

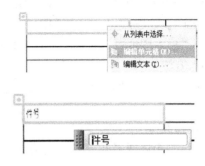

图 6-87 输入文字

在已完成文本输入的单元格处单击右键，在弹出的快捷菜单中选择"文本"，即可对文本进行编辑，如图 6-89 所示。

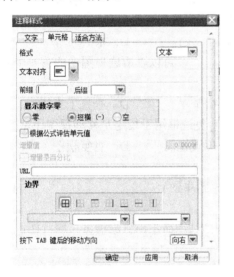

图 6-88 编辑单元格样式

图 6-89 编辑文本内容

项目小结

工程图部分功能很多，尤其是首选项设置及编辑，有很多细节命令，无法一一描述，需要掌握其规律，才能够得心应手地使用。

项目考核

一、填空题

1. 工程图中所包含的视图有基本视图、_____、剖视图和局部放大图。

2．工程图的标注是为了表达零部件的_____，没有进行标注的工程图只能表达零部件的形状、装配关系等信息。

3．在工程图的绘制过程中，如果原图样的规格、比例等参数不能满足要求，则可以对已有的工程图参数进行_____操作。

4．在"插入图纸页"对话框中，系统提供了使用模板、_____和定制尺寸 3 种类型的图样插入方法。

5．对工程图进行标注时，一般包括_____标注、_____标注、_____标注等方面的标注。

二、选择题

1．当绘制箱体或多孔等内部结构比较复杂的模型工程图时，为了表达其内部结构，需要添加_____视图。

    A．剖视图   B．基本视图   C．投影视图   D．放大视图

2．_____是将视图按照所定义的矩形线框或封闭曲线为界限进行显示的操作。

    A．对齐视图   B．定义视图边界   C．编辑视图   D．添加视图

3．在创建_____剖视图时，需要首先绘制出该剖视图的剖视范围曲线。

    A．旋转   B．局部   C．半   D．展开

4．对齐视图包括 5 种对齐方式，其中_____可以以所选视图中的第一个视图的基准点为基点，对所有视图进行重合对齐。

    A．水平   B．竖直   C．叠加   D．垂直于直线

5．在移动/复制视图的对话框中，_____复选框用于指定是移动视图还是复制视图。

    A．复制视图   B．移动视图   C．偏置视图   D．重复视图

三、判断题

1．可以使用抑制的方式控制装配工程图的零件显示。   （   ）

2．创建的局部剖视图无法删除。   （   ）

3．UG 工程制图中可以直接使用草图绘制二维图而不用三维模型投影视图。   （   ）

4．UG 工程图中不可以人为修改尺寸。   （   ）

四、问答题

1．简述插入各类视图的操作方法。

2．标注工程视图的具体操作方法是什么？

3．零件工程图和装配工程的区别在哪里？

五、练习题

1．打开随书 DVD 光盘"源文件"文件夹下的"项目 6　工程图设计"中的文件zy_01.prt，然后创建组合体工程图，并标注尺寸，如图 6-90 所示。

2．打开随书 DVD 光盘"源文件"文件夹下的"项目 6　工程图设计"中的文件zy_02.prt，然后创建支座工程图，并标注尺寸，如图 6-91 所示。

3．打开随书 DVD 光盘"源文件"文件夹下的"项目 6　工程图设计"中的文件zy_03.prt，然后创建法兰轴工程图，并标注尺寸，如图 6-92 所示。

4．打开随书 DVD 光盘"源文件"文件夹下的"项目 6　工程图设计"中的文件zy_04.prt，然后创建壳体工程图，并标注尺寸，如图 6-93 所示。

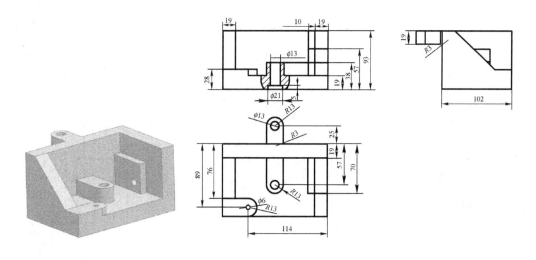

图 6-90　组合体工程图

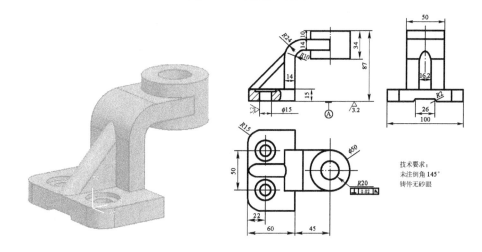

图 6-91　支座工程图

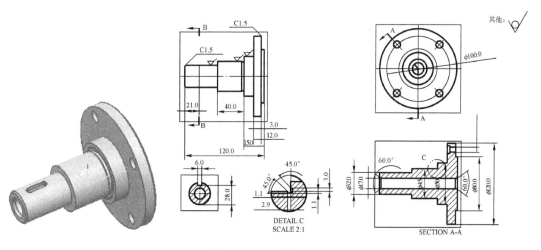

图 6-92　法兰轴工程图

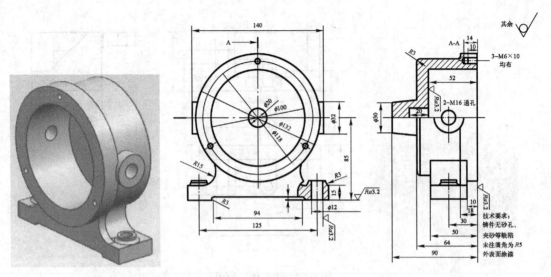

图 6-93 壳体工程图

项目7 综合应用实例

【能力目标】

1. 掌握产品设计的完整思路。

2. 能够将产品设计思路与软件使用思路进行结合，能够得心应手地使用软件完成产品设计。

【知识目标】

1. 能够建立系统的软件操作思路，将各个模块、各种功能合理地进行组合。

2. 能够在多种操作方法中选择最高效、最精确的方法进行设计。

UG 软件命令繁多，功能强大，如果使用得当，则会有一种随心所欲的感觉，这样的设计过程是一种十分美好的体验。反之，会感觉到软件的操作在限制着设计者的思路，这样的设计过程会让人感到痛苦不堪。因此，在进行 UG 的实际操作时，最重要的是要保持思路的清晰，按照一种简洁、正确的方法进行设计，这样才能发挥软件的效率，得到精确的结果。

设计的过程是设计者与软件互动的一个过程，每个设计者都有不同的性格和习惯，软件操作的方法也是灵活、多样的。只有当设计者找到一种最适合自己的思路和方法，才能最大化地发挥软件的功能，提高设计的效益。

在设计之前，要先考虑清楚以下问题。

● 要设计什么？

● 如何设计？

● 设计过程会用到软件的哪些命令？

在设计的过程中也同样要认真思考，每个结果都有很多种方法来实现，每个方法的难度和工作量是不一样的。因此，在进行每个细节的设计时都要多考虑几种方案，从中选择最佳的并且最适合设计者习惯的方案去执行。任何一次盲目或多余的操作，都可能会为后面的操作造成很大的麻烦，甚至要推倒重来。

在本章的实例练习中，除了要了解设计的整体流程和软件命令的使用之外，最重要的是要体会操作中思考的过程。

分析产品

分析内容主要包括如下几点。

● 了解产品的结构、功能、运动原理、关键尺寸和配合关系等。

● 产品制造的重点和难点。

● 产品建模的重点和难点。

● 产品之间存在的关联关系。

建立方案

主要是根据上一步分析的结果来确定建模的方案和思路，包括：

装配方式的选择；

确定关键参数；

确定关联关系；

确定建模的次序。

过程设计

根据设计思路进行零件设计、虚拟装配、工程图标注等设计工作。

7.1 任务1 减速机建模

【任务内容】

根据图7-1所示图样完成减速机箱体零件建模和标准零部件装配工作。

【任务要求】

1. 根据图样完成所有非标准零部件的实体建模，综合使用各种特征建模及特征操作，并能熟练应用表达式等功能。

2. 使用各种装配命令完成减速器装配建模，包括所有标准件和非标件的装配，并能根据正确位置关系进行约束。

3. 分别完成非标准零件图和装配图，使用各种工程图命令进行标注，图样应符合机械制图标准。

模型分析：齿轮轴属于回转体零件，主要以回转建模为主，其中注意键槽、齿轮和螺纹等细节特征。齿轮轴如图7-2所示，其建模过程见表7-1。齿轮如图7-3所示，其建模过程见表7-2。透盖如图7-4所示，其建模过程见表7-3。

模型分析：箱体是整个减速器中形状最为复杂的零件，需要从多个断面绘制草图进行建模，而且细节特征也比较多，可以使用草图结合基本体素进行建模。箱体如图7-5所示，其建模过程见表7-4。盖板如图7-6所示，其建模过程见表7-5。

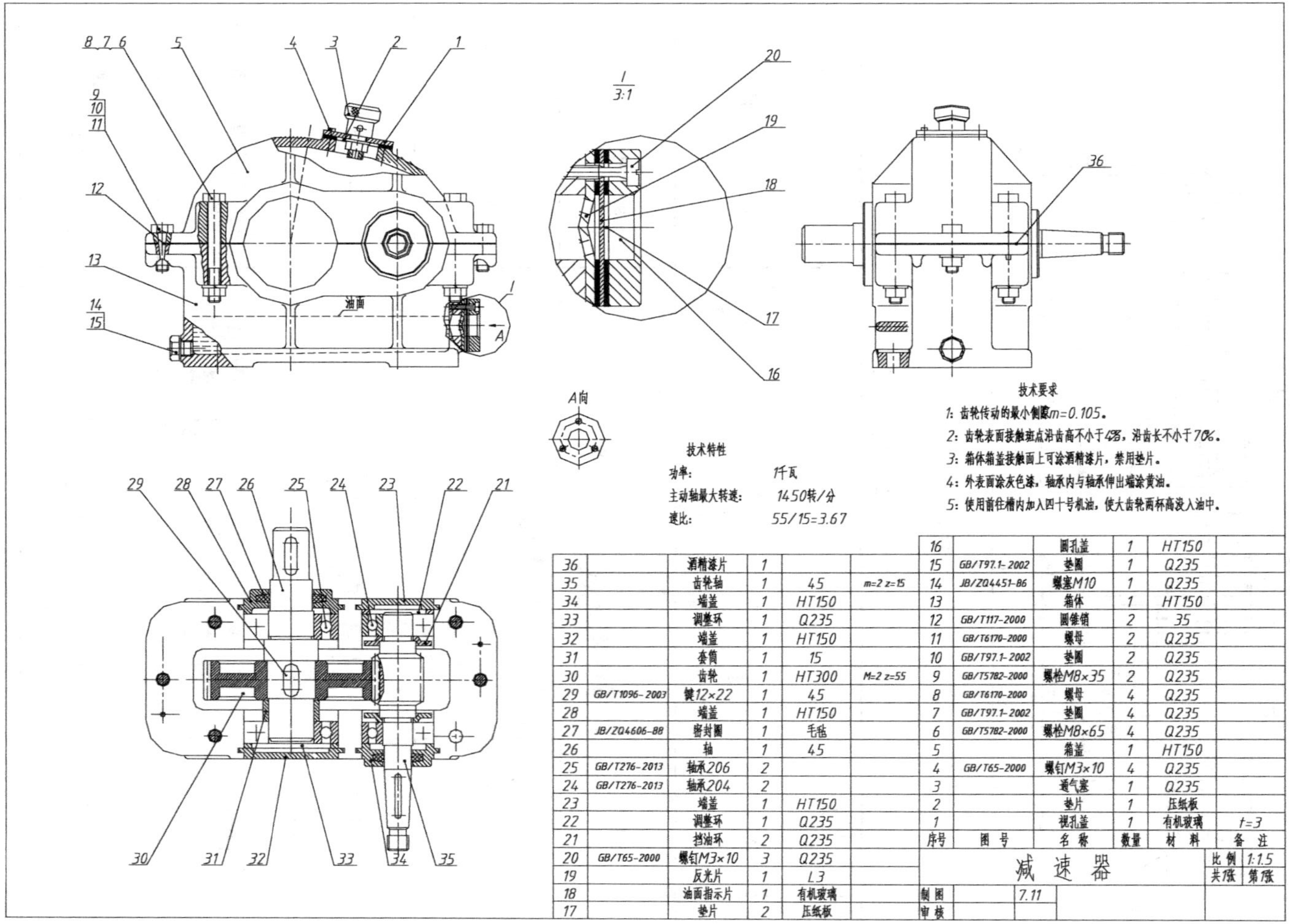

技术特性

功率: 1千瓦

主动轴最大转速: 1450转/分

速比: 55/15=3.67

技术要求

1: 齿轮传动的最小侧隙m=0.105。

2: 齿轮表面接触斑点沿齿高不小于45%，沿齿长不小于70%。

3: 箱体箱盖接触面上可涂酒精漆片，禁用垫片。

4: 外表面涂灰色漆，轴承内与轴承伸出端涂黄油。

5: 使用前往槽内加入四十号机油，使大齿轮两杯高浸入油中。

序号	图号	名称	数量	材料	备注
36		酒精漆片	1		
35		齿轮轴	1	45	m=2 z=15
34		端盖	1	HT150	
33		调整环	1	Q235	
32		端盖	1	HT150	
31		套筒	1	15	
30		齿轮	1	HT300	M=2 z=55
29	GB/T1096-2003	键12×22	1	45	
28		端盖	1	HT150	
27	JB/ZQ4606-88	密封圈	1	毛毡	
26		轴	1	45	
25	GB/T276-2013	轴承206	2		
24	GB/T276-2013	轴承204	2		
23		端盖	1	HT150	
22		调整环	1	Q235	
21		挡油环	2	Q235	
20	GB/T65-2000	螺钉M3×10	3	Q235	
19		反光片	1	L3	
18		油面指示片	1	有机玻璃	
17		垫片	2	压纸板	

序号	图号	名称	数量	材料	备注
16		圆孔盖	1	HT150	
15	GB/T97.1-2002	垫圈	1	Q235	
14	JB/ZQ4451-86	螺塞M10	1	Q235	
13		箱体	1	HT150	
12	GB/T117-2000	圆锥销	2	35	
11	GB/T6170-2000	螺母	2	Q235	
10	GB/T97.1-2002	垫圈	2	Q235	
9	GB/T5782-2000	螺栓M8×35	2	Q235	
8	GB/T6170-2000	螺母	4	Q235	
7	GB/T97.1-2002	垫圈	4	Q235	
6	GB/T5782-2000	螺栓M8×65	4	Q235	
5		箱盖	1	HT150	
4	GB/T65-2000	螺钉M3×10	4	Q235	
3		通气塞	1	Q235	
2		垫片	1	压纸板	
1		视孔盖	1	有机玻璃	t=3

减速器		比例	1:1.5
		共1张	第1张
制图	7.11		
审核			

图 7-1 减速器总装配图

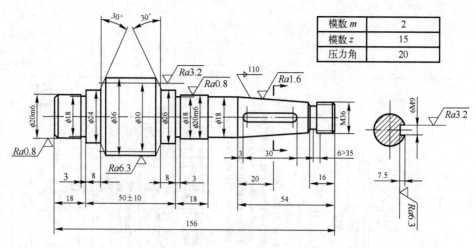

模数 m	2
模数 z	15
压力角	20

图 7-2 齿轮轴

表 7-1 齿轮轴建模过程

步　骤	操作内容	操作结果	操作提示
1	绘制草图		根据图样建立草图并完全约束
2	回转建模		使用"回转"命令 建模
3	绘制键槽草图		注意键槽草图的放置面和定位
4	拉伸键槽		拉伸同时执行布尔减操作
5	创建齿轮		使用"齿轮建模"命令 ，输入齿轮参数
6	实体相交		注意：进行布尔交操作之前应先将齿轮轴本体部分进行拆分
7	特征细化		进行倒角、螺纹等细节特征操作

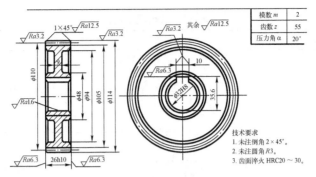

模数 m	2
齿数 z	55
压力角 α	20°

技术要求
1. 未注倒角 2×45°。
2. 未注圆角 R3。
3. 齿面淬火 HRC20～30。

图 7-3 齿轮

表 7-2 齿轮建模过程

步　骤	操 作 内 容	操 作 结 果	操 作 提 示
1	绘制草图		本体使用拉伸建模
2	拉伸建模		本体拉伸，注意所用曲线的选择
3	拉伸减重		拉伸减重槽，执行布尔减操作
4	创建齿轮		使用"齿轮建模"命令，输入齿轮参数
5	实体相交并细化		执行布尔交操作后进行倒角等细节特征操作

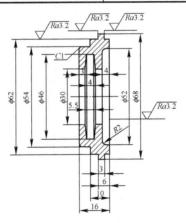

图 7-4 透盖

255

表 7-3　透盖建模过程

步　骤	操 作 内 容	操 作 结 果	操 作 提 示
1	绘制草图		根据图样建立草图并完全约束
2	回转建模		使用"回转"命令 建模

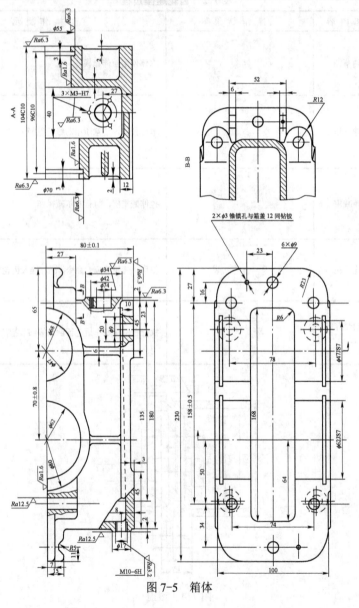

图 7-5　箱体

表 7-4　箱体建模过程

步　骤	操作内容	操　作　结　果	操　作　提　示
1	绘制草图		绘制底板草图，并完全约束
2	拉伸建模		
3	生成箱体		利用"垫块"命令 生成箱体
4	做沉头孔		利用"打孔"命令 生成沉头孔
5	生成主轴通孔		分别利用"凸台" 、"打孔" 、"修剪" 命令
6	挖空箱体		利用"腔体"命令 生成腔体
7	打孔并生成筋板		利用"打孔"和"垫块"命令进行细节特征生成
8	特征镜像		使用"特征镜像"命令生成另一侧特征
9	局部建模		利用草图进行局部细节的建模
10	细化完成建模		利用"螺纹" 、"倒角" 、"圆角" 等细节特征命令完成整体建模

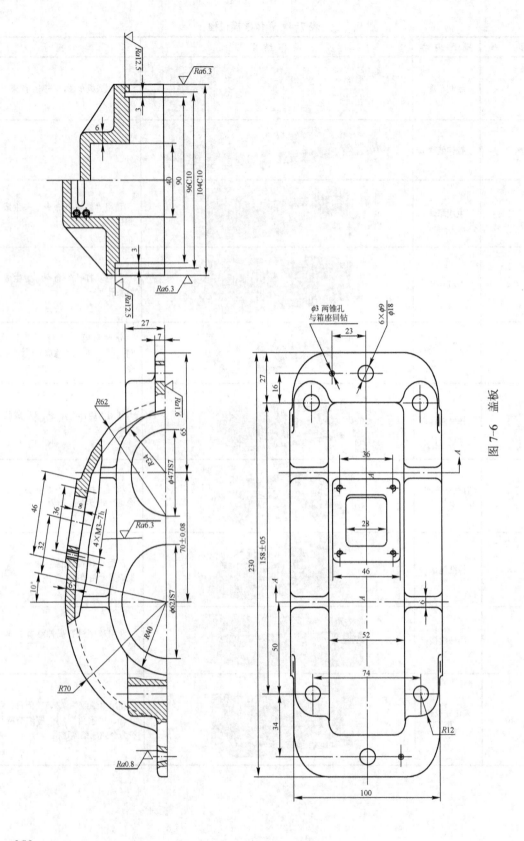

图 7-6 盖板

258

表 7-5 盖板建模过程

步 骤	操 作 内 容	操 作 结 果	操 作 提 示
1	绘制草图		在主断面上绘制草图，可以用来生成本体
2	拉伸建模		
3	生成底板		在底平面绘制草图，拉伸底板
4	生成主轴通孔		分别利用"凸台"、"打孔"、"修剪"命令
5	挖空箱体		利用"草图"、"拉伸"、布尔减，将箱体中间挖空
6	细化特征		利用"打孔"、"圆角"命令细化特征
7	局部建模		利用"草图"、"拉伸"、"打孔"等命令进行局部特征建模
8	细化完成建模		利用"螺纹"、"倒角"、"圆角"等细节特征命令完成整体建模

以上为主要零件建模要点，其他零件形状比较简单，可以根据图样进行建模。建模完成之后要进入工程图模块，进行视图投影及尺寸标注。

7.2 任务 2 冲裁模结构设计

【任务内容】

利用 UG 软件完成复合模结构设计任务。

【任务说明】

学习设计软件最重要的一点是将软件使用的思路和具体产品设计的思路结合在一起，才能真正发挥软件的作用。这种结合应该是以具体产品的设计思路为主，以软件使用思路为辅。

模具的设计过程如下。

1）必要的工艺计算，如凸模、凹模工艺尺寸；冲裁力、压料力等；凸模、凹模的结构尺寸；模具闭合高度及行程等。

2）进行模具整体布局草图设计，如上、下模基准平面；模具长、宽、高分配等。

3）细节设计，整体布局确定后对每一个零件进行详细设计。

4）标准件安装，将螺钉、销钉、导柱、导套等标准零部件安装到指定位置。

5）细化、整理，完成最终设计。

模具零件设计的顺序是"从里到外"进行的，即首先以冲压工件为依据进行模具中间核心零件的设计（凸模、凹模）；然后设计周边和工件接触的零件（卸料板、定位零件等）；最后设计其他结构零件。

综上所述，在利用 UG 软件进行模具设计时，应该采用自上而下和自下而上相结合的方法进行设计。即把模具零件分成标准零件和非标准零件两大部分，标准零件（螺栓、销钉、弹簧、导柱、导套等）应该都是已经存在的文件，只需按照设计要求选择合适的规格进行安装就行，这是属于自下而上的设计。非标准零件应该以需要进行冲压的零件为依据，进行设计，然后再将其生成独立的零件，构建装配结构树，这是一个自上而下的建模过程。

注意：在模具设计过程中，始终要以冲压零件为基础，凸模、凹模的轮廓线、型面都要与其保持一致，因此在使用 UG 软件进行模具设计过程中经常会用到 WAVE 技术，这样可以实现冲压零件控制模具零件的作用，保证形状的一致性。

因此，使用 UG 进行模具结构设计时操作流程如下。

1）整理设计依据，即冲压零件的曲线、曲面等数据，要保证曲线可以用于拉伸实体，曲面可以用于裁剪实体；

2）进行模具整体布局设计，主要是根据闭合高度、上下模位置等工艺参数创建相关的基准平面；

3）利用自上而下设计思路，根据"由里到外"的设计流程，进行非标准零件的设计，在设计与冲压零件相关的模具零件时需要使用 WAVE 技术实现几何相关；

4）对凸模固定板、垫板等结构零件进行详细设计，主要是布置螺钉、销钉位置，并进行特征细化；

5）按照自底向上的设计思路，选择所需规格的标准件，将其装配到指定的位置；

6）文件整理、细化，完成设计。

下面结合具体实例进行设计。

1. 必要的工艺计算

包括压力中心、闭合高度、冲裁力、卸料板行程、凸模高度、凹模轮廓尺寸等。

其中：

闭合高度 H=235mm；

凸模高度=85mm；

凹模 L=114mm；

凹模 B=140。

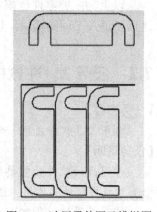

图 7-7　冲压零件图及排样图

2．整理设计依据

打开冲压零件的数据文件 paiyang.prt（路径：\结果文件\项目 7 综合应用实例\冲裁模），如图 7-7 所示，使用"连结曲线"命令 🔗，将冲裁轮廓线连成一整根曲线，并保证能够拉伸实体。

3．创建装配文件结构，进行模具布局设计

新建一个 zp.prt 文件，分别在 Z=0、Z=-90、Z=145 处创建 3 个基准平面，其中 Z=-90 的平面为下模底面基准，Z=145 的基准平面为上模底面基准。

使用装配模块中的"添加组件"命令 🔩 将 paiyang.prt 文件装配到指定位置，其冲压中心与基准坐标系原点重合。

使用"新建组件"命令 🔩 创建 sm.prt、xm.prt 文件，然后分别在 sm.prt 下新建 sdianban.prt、tumo.prt、mubing.prt、tmgudingban.prt、xieliaoban.prt、smz.prt 文件，在 xm.prt 下新建 xmz.prt、aomu.prt、db.prt 文件，即完成了模具主要文件装配结构的搭建，如图 7-8 所示。

将 xm.prt 设为工作部件，使用"WAVE 几何链接器" 🔗 将 Z=-90 处的基准平面抽取到下模，再将 sm.prt 设为工作部件，将 Z=145 处的基准平面抽取到上模，如图 7-9 所示。

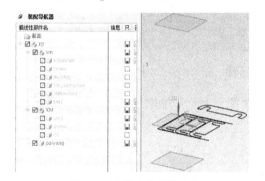

图 7-8　冲模文件结构布局　　　　　　　　图 7-9　WAVE 的基准平面

4．非标准零件设计

这部分设计有两种方法，现分别进行介绍。

（1）方法 1

分别使用"WAVE 几何链接器"将冲裁轮廓曲线抽取到 tumo.prt、tmgudingban.prt、xieliaoban.prt、aomu.prt，用于这些零件刃口部分的建模，然后针对这些零件进行建模。

1）凸模：直接使用冲裁轮廓曲线拉伸生成凸模，注意拉伸高度设置是-3～82，-3 是冲裁刃口的刃入量，如图 7-10 所示。

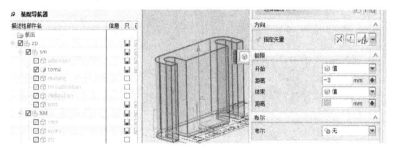

图 7-10　凸模

2）卸料板：先将抽取过来的冲裁曲线向外偏置 0.2mm，这是因为卸料板和凸模之间要有一定的间隙，如图 7-11 所示。

然后绘制一个矩形草图，并用这个草图和上一步偏置的曲线拉伸实体，如图 7-12 所示。

图 7-11 曲线偏置 ——— 图 7-12 拉伸卸料板本体

3）凸模固定板：使用"WAVE 几何链接器"将凸模上平面抽取过来，如图 7-13 所示。

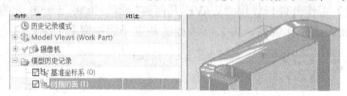

图 7-13 抽取上平面

使用这个平面创建一个矩形草图，然后用这个草图和上一步抽取过来的平面边界进行拉伸，即得到凸模固定板实体，如图 7-14 所示。

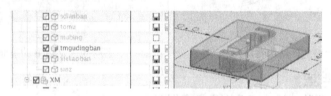

图 7-14 拉伸凸模固定板

4）凹模：凹模的生成过程和卸料板相似，即先将冲裁曲线向外偏置，偏置距离为刃口间隙值，然后用矩形草图和偏置后的曲线共同生成凹模本体。最后要用刃口曲线向外偏置 3mm 向下挖出落料孔，如图 7-15 所示。

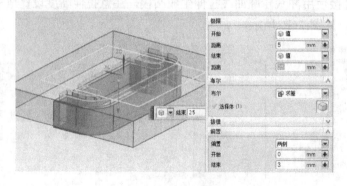

图 7-15 生成凹模

做完这 4 个主要零件后，从标准零件库找到所需规格的标准模架，并安装，如图 7-16 所示，然后在中间空档位置生成垫板实体，即完成整体布局的设计，如图 7-17 所示。

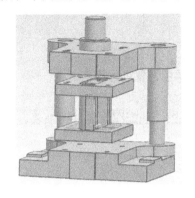 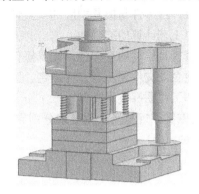

图 7-16　整体布局　　　　　　　　　　　　图 7-17　添加垫板

（2）方法 2

直接在 paiyang.prt 文件中，按照指定的结构尺寸完成凸模、凹模、凸模固定板、卸料板这 4 个关键零件的建模工作，然后使用文件导出命令，分别将这 4 个零件导出到 tumo.prt、tmgudingban.prt、xieliaoban.prt、aomu.prt 文件中，然后再装配模架，生成垫板，如图 7-18 所示。

以上两种方法，各有优缺点。

方法 1 操作比较复杂，关联较多，但相关性好，如果冲压零件尺寸、形状有所改变，则所有相关零件都能进行自动更新。

方法 2 操作简单，但在文件导出时会消除参数，导出后的零件没有相关性，一旦冲压零件有修改，改动量比较大。

5. 设计螺钉、销钉位置，标准零件安装

整体布局完成后即可布置螺钉、销钉的安装位置。在布置位置时也可以设置关联，如固定板与卸料板之间的长螺栓位置，固定板与垫板之间的螺钉、销钉位置，凹模与垫板之间的螺钉、销钉位置。

位置布置好了就可以使用"打孔"命令 📖 完成螺钉孔、销钉孔的制作，然后从标准零件库中找到合适规格的标准零件，装配到正确的位置，如图 7-19 所示。

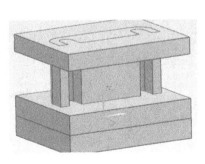 

图 7-18　导出 4 个关键零件　　　　　　　　图 7-19　设计结果

6. 文件整理

主要设计工作完成后要进行最后的检查整理工作，主要工作如下。

① 检查冲压零件与模具型腔的一致性。

② 核对工艺计算的准确性。

③ 检查模具结构的合理性，模具操作的便利性。

④ 按照企业文件规范对文件命名、图层分配、颜色设置进行检查。

7. 制作工程图等技术文件

按照机械制图规范及企业要求分别完成所有零件图、装配图、零件明细表、技术说明等相关技术文件。

项目小结

学习软件的目的是为了应用，软件只是一个工具。因此，学习软件不只是各种命令的学习，更重要的各种命令的综合应用能力的培养。通过以上两个典型产品的设计，能够使学习者将具体产品的设计思路和软件使用思路结合在一起，提高软件综合应用能力。

参 考 文 献

[1] 卢朝晖，赵子豪，钟廷志. UG NX 5 中文版基础教程[M]. 北京：人民邮电出版社，2008.

[2] 黎震，刘磊. UG NX 6 中文版应用与实例教程[M]. 北京：北京理工大学出版社，2009.

[3] 郑贞平，曹成，张小红. UG NX 5 中文版基础教程[M]. 北京：机械工业出版社，2008.

[4] 康显丽，张瑞平，孙江宏. UG NX 5 中文版基础教程[M]. 北京：清华大学出版社，2008.

[5] 胡仁喜，刘昌丽. UG NX 5.0 中文版工业造型典型范例[M]. 北京：电子工业出版社，2007.

精品教材推荐

数控机床故障诊断与维修技术（FANUC 系统）（第 2 版）

书号：ISBN 978-7-111-27264-9

作者：刘永久　　定价：36.00 元

推荐简言：

　　本书作者是长春一汽高等专科学校的骨干教师，经常参与工厂数控机床的维修与改造，积累了大量的实际经验。读者普遍反映通过本书的学习，可以获得实际操作技能。

数控加工编程与操作

书号：ISBN 978-7-111-32784-4

作者：杨显宏　　定价：22.00 元

推荐简言：

　　本书以数控加工的编程与操作为主线贯穿全书内容，书中配有大量实例、实训项目和习题，应用实例结合生产实际，突出了内容的先进性、技术的综合性，全面提高高职学生的综合能力。

AutoCAD2010 基础与实例教程

书号：ISBN 978-7-111-32849-0

作者：陈平　　定价：30.00 元

推荐简言：

　　本书以典型零件或产品为载体来讲解 AutoCAD 2010，循序渐进地介绍各种常用的绘制命令，以及绘制典型二维图形和三维图形的方法与技巧。

Mastercam 应用教程（第 3 版）

书号：ISBN 978-7-111-32295-5

作者：张延　　定价：28.00 元

推荐简言：

　　本书前两版都经过市场的检验，销量一直非常好。本书是在第 2 版的基础上，以 MastercamX 为蓝本，通过大量实例，以数控编程方法和思路为导向，讲解 Mastercam 的基础知识和应用技能。

Pro/ENGINEER 5.0 应用教程

书号：ISBN 978-7-111-35772-8

作者：张延　　定价：32.00 元

推荐简言：

　　本书详细介绍了 Pro/ENGINEER 5.0 的主要功能和使用方法，突出实用性，采用大量实例，操作步骤详细，系统性强，使读者在实践中迅速掌握该软件的使用方法和技巧。在每章最后均配有习题，便于读者上机操作练习。

UG NX5 中文版基础教程

书号：ISBN 978-7-111-24153-9

作者：郑贞平　　定价：29.00 元

推荐简言：

　　本书从工程实用角度出发，采用基础加实例精讲的形式，详细介绍了 UG NX5 中文版的基本功能、基本过程、方法和技巧。本书配套实例和练习有关内容的光盘。